装载机工作装置载荷谱及其工程应用

LOAD SPECTRUM AND ENGINEERING APPLICATIONS OF

LOADER WORKING DEVICE

万一品　著

西安电子科技大学出版社

内 容 简 介

　　疲劳破坏是机械结构最常见的一种失效形式,对于工况恶劣且复杂的机械结构,在交变载荷作用下极易出现疲劳问题,严重影响设备的可靠性和服役性,而载荷谱则是机械结构动态抗疲劳设计的关键基础数据。本书结合工程实际问题并依托国家级科技项目,对装载机工作装置展开了载荷谱及其工程应用的系统研究,介绍了铰点载荷测试、斗尖载荷识别、外载荷当量等方法,编制了载荷谱,并将其应用于试验样机工作装置的疲劳寿命评估中,且在此基础上编制了疲劳寿命快速评估软件。

　　本书将理论研究与工程实践相结合,给出了目前的载荷谱测试与编制方法及其结果,为装载机结构件的抗疲劳设计与轻量化提供了关键依据。

　　本书可作为工程机械疲劳领域科研技术人员和研究生的参考用书。

图书在版编目(CIP)数据

装载机工作装置载荷谱及其工程应用 / 万一品著. — 西安: 西安电子科技大学出版社, 2021.3(2022.5 重印)
ISBN 978-7-5606-5946-6

Ⅰ. ①装… Ⅱ. ①万… Ⅲ. ①装载机－载荷谱－研究 Ⅳ.①TH243

中国版本图书馆 CIP 数据核字(2021)第 043061 号

策　　划　秦志峰
责任编辑　秦志峰
出版发行　西安电子科技大学出版社(西安市太白南路 2 号)
电　　话　(029)88202421　88201467　　　　邮　　编　710071
网　　址　www.xduph.com　　　　　　　　电子邮箱　xdupfxb001@163.com
经　　销　新华书店
印刷单位　西安日报社印务中心
版　　次　2021 年 3 月第 1 版　　2022 年 5 月第 2 次印刷
开　　本　787 毫米 × 960 毫米　　1/16　　印　张　10.5
字　　数　174 千字
印　　数　801～1300 册
定　　价　39.00 元
ISBN 978-7-5606-5946-6 / TH
XDUP 6248001-2
***** 如有印装问题可调换 *****

前　言

随着装载机节能作业和重载铲装技术的快速发展，结构件的疲劳问题变得日益突出，特别是直接承受外载荷的工作装置，在低于设计寿命时常会发生疲劳破坏，而载荷谱的缺失成为制约结构件抗疲劳性能提升的关键。装载机工作装置承受随机载荷，其载荷时间历程与作业介质和作业姿态密切相关，本书作为一本系统介绍装载机工作装置载荷谱的实用专著，有助于提高或解决进行静强度设计过程中所产生的动态结构疲劳问题。

本书以装载机工作装置为研究对象，开展了载荷谱采集、编制与应用的系统研究：搭建了装载机工作装置载荷测试系统，建立了铲斗斗尖载荷的识别模型，进行了基于弯矩等效的工作装置外载荷当量方法研究，编制了试验样机的疲劳载荷谱，并将其应用在工作装置焊接细部结构和非焊接细部结构的疲劳寿命评估中。本书在上述研究成果的基础上编写而成，重点介绍装载机工作装置载荷谱测试、载荷识别、载荷当量、载荷谱编制等方法及所得载荷谱结果的工程应用。

本书的相关研究工作得到了陕西省自然科学基础研究计划资助项目(2021JQ-283)、长安大学中央高校基本科研业务费专项资金资助项目(300102259304，300102250305)、中国博士后科学基金面上项目(2019M663603)和国家科技支撑计划项目(2015BAF07B02)的资助和支持，在此表示感谢。

感谢长安大学道路施工技术与装备教育部重点实验室宋绪丁教授、郁录平教授、吕彭民教授和徐工集团工程机械研究院陆永能高工、员征文高工的指导和帮助，长安大学贾洁老师参与了文稿的部分编撰工作，在此一并致谢，同时对书中参考文献的作者也表示感谢。

由于作者水平有限，书中的研究方法和试验技术难免存在不足，敬请广大读者指正。

万一品

2021 年 1 月

目　录

第一章 绪 论

1.1 本书的选题背景

  制造业是国民经济的重要支柱，我国是世界制造大国，但还不是制造强国，制造技术基础薄弱，创新能力不强，产品以低端为主，制造过程中资源、能源消耗较大，污染严重。《国家中长期科学和技术发展规划纲要(2006—2020 年)》与《国家"十二五"科学和技术发展规划》等文件将机械装备的可靠性与安全性列为国家的重要发展方向，并指出制造业的宏观发展思路：提高装备的设计、制造和集成能力；积极发展绿色制造；应用高新技术改造和提升制造业。

  国内土方机械经过近五十年的发展，特别是近十来年的超高速发展，产品技术质量已经有了很大的提高，与世界先进水平的差距已越来越小，已得到世界市场，包括最苛刻的欧美市场的广泛认可。装载机作为土方机械中的重要机型，具有作业速度快、效率高、机动性好、操作轻便的优点，被广泛应用于公路、铁路、建筑、港口、矿山等建设工程的土方施工中。装载机主要通过工作装置实现土壤、砂石、石灰、煤炭等散状物料的铲、装、卸、运，在工程机械市场中所占份额巨大。

  我国是工程机械生产企业数量最多的国家，随着轨道交通、农田水利和新能源建设项目的递增，城镇化建设的需要，以及"一带一路"倡仪的规划发展，国产装载机迎来了新的发展机遇。装载机行业在"十一五"期间高速增长，而在"十二五"期间，随着中国经济发展速度的放缓，国家经济增长方式由投资拉动型向高效和节能型方向转变，工程机械行业的竞争进一步加剧。2019 年，全年国产装载机累计总销量 12.36 万台，相比 2018 年同期 11.88 万台增长了 4.04%，装载机销量在经历 2015 年大跌后逐年反弹，确立了其复苏态势。此外，装载机市场从卖方市场向买方市场转变，客户从感性地关注价格开始转变为理性地关注质量和性价比。国内外市场的变化促使装载机生产企业进行技术升级，生产出高可靠性、高附加值且拥有核心技术的装载机产品。目前，国内装载机工作装置故障率较高，工作装置结构疲劳破坏现象严重，使用寿命远远低于国外企业生产的同类机型，严重影响着国产装载机产业的健康发展，由此也导致我国装载机产品的国际竞争力不强，只能依靠低端规格产品以降低产品利润来占领市场。装载机工作装置结构疲劳破坏如图 1.1 所示。

(a) 横梁开裂　　　　　　　　　　(b) 动臂断裂

图 1.1　装载机工作装置结构疲劳破坏图

国内装载机企业仍然采用静强度设计方法，这使产品在设计阶段无法控制其实际使用寿命。但若要在设计阶段就能控制其结构实际使用寿命，与国外企业相比，我们缺少基本的载荷谱数据和疲劳寿命评估与试验方法。卡特彼勒、小松等国外工程机械企业在 20 世纪已形成了核心载荷谱数据库和相对成熟的耐久性设计规范，这使得这些企业在产品设计阶段就已进行了可控寿命设计，其产品设计方案是以实际工作中的载荷为基础的，保证了开发产品的长寿命、高可靠性和低成本。只有获取了基础载荷核心数据，并解决了抗疲劳问题，国内装载机生产企业才能真正拥有核心技术。与国外厂家的产品相比，我国装载机结构件在载荷谱及其应用研究领域尚属起步阶段。

缺乏基于实测载荷谱支持的装载机工作装置产品结构性能提升、轻量化或其他改进设计结果，需要在试验场花费巨额投资进行试验验证，或者是将新产品交于指定客户进行实际铲装作业来获取反馈数据，这两种方式均因其较长的试验周期而很难满足客户需求变化情况下产品的快速更新。我国在 20世纪 90 年代颁布了行业标准 JB/T 5958—1991《装载机工作装置疲劳试验方法》，只施加铲斗斗尖垂向载荷且为试验所用载荷谱，并非基于实测，故难以满足设计需求，很难被行业应用于产品实践。开展装载机工作装置载荷谱及其在疲劳方面的应用等共性技术的研究，旨在获得国产装载机真实作业环境下的载荷数据，建立全系列型号的装载机工作装置载荷谱及其应用方法，为工作装置有限寿命设计、可靠性提高、结构优化及合理安排维修时间提供关键依据。

面对国内近 180 万台装载机的市场保有量现状，行业要加快推进转型升级，全面提升产业核心竞争力，必须在关键核心部件的短板上取得重大突破。按照《中国制造 2025》及《装备制造业标准化和质量提升规划》的要求，工程机械企业要坚持创新驱动，着力提升工程机械产品可靠性、耐久性及环保安全性。其中，可靠性提升是工程机械行业，尤其是国产装载机普遍面临的问题，可靠性提升主要是通过结构优化和降低疲劳危险点动应力来提高其疲劳寿命，并采用加速、加载疲劳试验来校验疲劳可靠性结果。本书研究所得到的载荷谱及其应用方法，可作为装载机关键零部件结构优化、疲劳性能提升、薄弱环节改进的依据。基于实测，载荷谱的结构轻量化设计可以减少钢材消耗以及相应生产、运输等环节的能源消耗，降低作业过程中的能耗与废气排放，实现节能减排与装载机结构件的绿色制造。通过本书的研究成果，进行装载机结构件的抗疲劳设计可使装载机的可靠性与使用寿命提高 15%～20%，以年产 10 万辆装载机计算，按照延长寿命可等效为 11.5 万～12 万辆，则每年可节约 1.5 万～2 万辆装载机成本，为生产企业及使用单位带来很好的经济效益。

本书以中央高校基本科研业务费项目、中国博士后科学基金面上项目和国家科技支撑计划项目为依托，对装载机工作装置载荷谱及疲劳寿命进行系统的研究，所得到的诸如装载机工作装置载荷谱采集、载荷等效、载荷谱处理、载荷谱编制及其应用结果，补充和完善了国内装载机载荷谱数据，为装载机工作装置的抗疲劳设计以及轻量化提供了理论和技术支撑，还对类似于装载机工作装置结构形式的工程机械臂架结构的疲劳研究提供了参考与借鉴。

1.2　随机载荷测试技术现状

载荷谱的关键共性技术在于载荷测试、数据处理、载荷当量、载荷谱编制及其应用。随机载荷的测试技术从 20 世纪 70 年代开始得到大力发展，利用传感器将力、压力、扭矩、位移、转速、角度等机械量参数变化转化为电压或电流等电参数变化，通过测量电路、记录仪表和数据转换处理，将变化的电参数识别、记录并转换为非电参数。机械参数的电测技术实现了现代测试手段对目标机械状态的检测，获得了实际作业环境下主要零部件的力学性能、机构运动特性以及动力传递规律，进而对产品设计性能进行综合评判。

试验测试机械参数的电测法原理如图 1.2 所示。

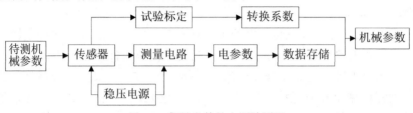

图 1.2　机械参数的电测法原理

国外对工程机械和车辆相关设备进行了大量的载荷测试研究,Jaroslaw A. P.等设计了惯性测试平台和非接触式传感器,对四轮驱动的车辆运动学和动力学特性参数进行了动态测试,探讨了非公路车辆载荷测试原理及实现方法;Singh C. D.等对功率 50 kW 的拖拉机在实际土壤作业环境下,液压系统动态载荷参数的测试、数据采集与存储系统进行了研究;Patterson M. S.等以轮式单斗装载机的牵引力控制系统为研究对象,通过测试试验分析了各种类型的传动系统控制驱动车轮方案,确定了车辆最佳牵引性能对应的扭矩分配;Żebrowski J.的研究给出了拖拉机驱动系统载荷测试的方法。国内对工程机械以及车辆的载荷测试方法的研究开始于 20 世纪 80 年代,陈如恒测试了石油钻机提升系统在起钻过程中承受的实际载荷以及结构静态和动态载荷传递系数;南新旭等选择原生土和松散土物料,对 ZL50 装载机的传动轴扭矩、油缸压力和前车架应力测试进行研究,确定了装载机载荷激励和响应的能量主要集中在 0～2 Hz 范围;刘永臣等搭建了 ZL50 轮式装载机传动系统的扭矩载荷测试系统,并利用 1 Hz 低通滤波去除噪音信号;刘志东等、向清怡等、郁录平等采用压力传感器和应变传感器对液压挖掘机的液压系统和结构应力进行了测试。

国内工程机械企业现在也开始注重与高校之间的合作,开展随机载荷的测试试验研究,但载荷的测试试验研究多集中在工程机械和车辆的传动系统以及液压系统,如张英爽系统研究了装载机传动系载荷测试基本方案。对于装载机工作装置的随机载荷测试的公开研究很少,伍义生等提出的动臂载荷测试仍采用传统的关注点应变测试方法,很难适应不同细部结构类型的装载机工作装置载荷测试需求。由于缺乏装载机工作装置载荷测试方法和试验规范,因此需要开展具有通用性的工作装置随机载荷测试研究,为载荷谱的编制奠定基础。结合装载机工作装置的特点,随机载荷测试应包含力和位移等基本参数信息,载荷测试应该在不同物料工况下按照实际作业方式进行。载荷测试结果包含产品结构特性、使用方法以及工作条件等基本影响因素。载荷测试需要解决试验工况、测点布置和仪器设备三个基本问题，进而获得实际作业环境下反映机械结构使用特性的随机载荷时间历程，为载荷谱编制、疲劳寿命评估以及试验研究奠定关键基础。在随机载荷测试中，不同结构类型的机械零部件需要根据自身特点来确定测量参数、测点位置以及载荷测试时间长度，选择或设计传感器，制订适合于测试对象和机械参数特点的测试方案。机械类产品通用的测试技术方案如图 1.3 所示。

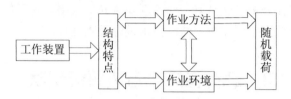

图 1.3　机械类产品通用的载荷测试技术方案

　　载荷测试的最终目的是获得反映产品特性的参数数据，随机载荷信号中通常包含噪声和奇异值等无用信号，需要对其进行拼接、零点处理、趋势项去除、滤波降噪以及奇异值的处理。目前，去除趋势项常用的方法有最小二乘法、小波法和 EMD(Empirical Mode Decomposition，经验模式分解)法。最小二乘法是采用多项式来近似逼近原始采样信号，通过求解线性方程组的方法来获得一次、二次以及多次多项式系数，从而识别出载荷信号中的趋势项。小波分析的方法是在一个可积的函数空间内选择小波基函数构造小波序列来逼近原始信号，通过小波变换的方式将载荷信号分解为不同频率成分的信号，趋势项通常为低频信号，进而完成趋势项的识别与去除。EMD 方法采用三次样条插值函数分别拟合极大值点和极小值点，获得原始信号时间历程曲线的上下包络线，通过原始信号与上下包络线均值的差值循环筛选，去除载荷信号中的叠加波形，直至相邻的两个筛选信号标准差满足设定要求，从而将趋势项从载荷信号中识别出来。去除趋势项后的载荷信号中包含载荷信号和非载荷信号，非载荷信号形成的奇异值对载荷处理结果产生难以估计的影响，使得载荷谱编制和结构寿命预测出现较大的偏差，因此在进行载荷分析和编谱前必须识别并去除趋势项。奇异值是一种瞬时突变信号，其变化趋势明显快于正常载荷信号变化，具有典型的离散性和随机性，而真实载荷信号是结构对载荷变换的反映，奇异值的这些特点明显区别于正常信号。较为明显的奇异载荷信号在数据量较小时，可以采用目视甄别的方法进行识别，通过数据编辑器进行去除；简谐噪声尖峰奇异信号可以合理设置截止频率，并通过滤波的方式将其进行识别并剔除。张英爽对装载机传动系信号进行滤波去奇异值，但在处理后的信号中仍包含较大幅值的奇异值。

目前，仍没有完全可靠的剔除奇异值的方法。在工程实际中，常用的方法有幅值门限法、梯度门限法和标准方差法。在实际使用中，通常根据载荷信号的特点来选择适当的去奇异值方法。小波分析去奇异值降噪的方法，需要根据经验选择降噪阈值，小波分析的结果与所选择的小波基函数紧密相关，而 Zhang Y. S.等的研究结果表明，在小波基函数和阈值参数选择合理时，小波分析方法和统计分析方法具有相同的剔除奇异值效果。对于信号中的噪声信号则通常结合频谱分析和数字滤波技术进行降噪处理。

1.3　载荷谱编制方法研究现状

结构发生疲劳破坏的根本原因在于承受连续的、反复变化的载荷作用，开展疲劳研究时先分析构件承受的载荷，将载荷时间历程转化为疲劳寿命评估与试验所需的载荷谱。实测的随机载荷时间历程包含周期和非周期特性，随机载荷中，峰谷值及其出现的次序都是不确定的，无法将实测载荷结果直接应用在疲劳理论分析或者工程试验中，必须通过统计计数或其他方法将随机载荷转换为包含载荷大小、循环频次以及作用次序等因素的载荷谱。因此，载荷谱就成为了机械工程领域产品疲劳寿命评估和试验研究的关键。

载荷谱通常是指外力谱，也可以指应力谱、应变谱、扭矩谱等，在疲劳寿命评估和试验分析中，最为关注的通常是应力谱或外力谱。外力谱通过构件的有限元计算可以获得关注点处的力与应力，或者力与应变的传递函数关系，进而由力确定对应点的应力或应变谱。常用的载荷谱表达形式有图表、矩阵和概率分布公式等，按照类型可分为随机载荷谱和程序载荷谱，程序载荷谱按照维度可以分为一维载荷谱和二维载荷谱，其分别对应有均值谱、变均值谱和等损伤谱等。在工程实践中，常用程序载荷谱进行结构件的疲劳试验研究。程序载荷谱根据各级载荷的大小和频次进行某种形式的次序排列，用离散级数的载荷统计特征量代替随机变化的载荷历程。程序载荷谱中较常见的是恒幅谱和变幅谱，程序载荷谱易于疲劳试验的实现且经济性较高。

Palmgren-Miner 线性累计损伤理论的提出，使得疲劳载荷谱的研究在工程领域获得了普遍关注，电液伺服系统的普遍应用也促进了载荷谱研究的快速发展。Matsuishi M.提出的雨流计数方法模拟塔顶水流下落过程，将载荷加载的循环特性与疲劳损伤的局部应力应变迟滞回线特性关联，建立了载荷计数结果与疲劳损伤量之间的对应关系，使得载荷谱能够直接应用于结构疲劳损伤计算和疲劳试验。在雨流计数法的基础上，衍生出了多种雨流计数方法，如简单雨流法、四点循环雨流法、三点循环雨流法、穿级雨流法以及考虑载荷加载顺序的改进雨流法等。雨流计数对载荷大小和对应频次进行了统计计数，在所得结果中打乱了原始载荷的出现顺序。

随机载荷时间历程通过雨流计数统计推断得到的载荷谱结果，以试验样本数据的特性来估计描述总体，样本长度的大小决定了估计结果的精度。若样本长度过小，则样本数据所包含的信息量会难以准确反映总体的变化特性；若样本长度过大，则会大幅增加对应的载荷测试试验成本，因此需要合理确定载荷谱编制时的样本容量。目前常用的样本长度确定方法有功率谱密度法、均方值变差系数法、均值精度估计法、趋势线拟合法、回归分析法和贝叶斯估计法等，上述这些方法是从统计误差角度考虑样本最小长度的大小。当采用样本估计总体时，样本长度还应满足平稳性和各态历经性的要求，只有平稳且各态历经的载荷样本数据才能更好地反映总体特性。在实际应用中，平稳物理现象产生的随机数据可以认为是各态历经的。刘罗曼给出了时间序列平稳性检验最常用的四种方法：逆序检验法、游程检验法、特征根检验法和参数检验法。周少甫则将基于最小化均方误差和最小化两类错误概率的带宽选择引入检验中，这些方法以均值和方差是否随时间变化，以及自相关函数是否与时间间隔有关来判断数据的平稳性。对于大数据量的随机载荷平稳性检验，可采用轮次法进行平稳性检验。根据误差统计的相关方法确定最小样本长度的数目，再进行平稳性和各态历经性检验，满足要求的样本容量即可视为是最小样本长度。

考虑试验成本确定的测试样本数据只占产品结构全寿命周期的很小一部分，为了得到设计寿命周期的载荷谱，需要对样本数据外推编制载荷谱进行疲劳寿命的评估和试验研究。比例外推编谱方法是最简单的，对样本原始数据历程或雨流计数后的频次数据进行倍数复制，虽然增加了载荷量但会忽略极值载荷。对雨流计数得到的载荷均值和幅值结果分别进行分布参数估计，由均值-幅值联合概率密度函数进行载荷累计频次外推的方法被称为参数法，这种方法目前被广泛应用在车辆传动系扭矩谱的编制中。不同机械结构的载荷分布差异很大，当单一分布难以拟合载荷均值或幅值与频次的关系时，需要采用概率分布混合模型进行参数分布拟合。为了弱化频次数多的小载荷循环对分布拟合的影响，极值理论被应用到载荷谱编制中，Johannesson、宫海彬、段振云、王继新等利用 POT(Peak Over Threshold)极值模型，选取极值载荷阈值，不考虑小载荷循环的分布形式，实现了大载荷的外推，并将其分别应用在汽车传动系、铁路列车、风力发电机和工程机械传动系载荷谱编制中。李昕雪、尤爽将大载荷极值外推与小载荷比例外推相结合，实现载荷时域重构，对重构后的载荷时间历程进行雨流计数编制载荷谱。此外，还有基于改进统计外推法、基于核密度估计的非参数外推以及基于雨流计数的频次外推方法。常用的载荷外推方法均有各自的适用特点：比例外推方法操作简单，但外推结果可信度较差；参数法外推基于统计原理，计算简便但载荷分布模型难以选取；极值外推法对大载荷的模拟较为精确，但计算烦琐，并且忽略了阈值以下频次数较多的载荷影响；时域外推法重构了载荷时间历程，但对无法判别的奇异载荷进行了人为放大；非参数外推方法可以不考虑载荷样本的整体分布，根据核函数进行小区域内的载荷频次以及大小的模拟外推。利用样本数据进行载荷谱编制，需要根据具体的载荷特性对比选择适合的方法。

　　基于载荷谱的相关研究成果，在飞机、汽车、工程机械、铁路机车等众多工程领域内获得广泛应用。中国飞行试验研究院和北京航空航天大学采用"飞—续—飞"的编谱方法进行了飞机应力谱的编制和试验应用研究；重庆理工大学和吉林大学分别对汽车和工程机械的传动系扭矩谱的应用进行了系统的研究，将一个完整的作业周期按照载荷特性进行了人为分段处理，对分段后的载荷数据进行参数估计与载荷谱编制。西南交通大学和北京交通大学则对铁路机车车体的应力谱编制进行了全面分析，将编制的应力谱结果直接应用在列车的疲劳评估中。在编制疲劳试验加载程序谱的研究中载荷谱加速方法是关键，常用的方法有低载截除和等寿命折算。当采用低载截除法时，不同载荷谱对低载阈值的选取存在差异，通常将低于疲劳极限的载荷循环都可以剔除；高云凯等和郑松林等的研究认为，低载截除后的载荷谱损伤应与未截除前一致，提出了损伤极限的概念，将低于损伤极限的小载荷循环可以直接剔除；郑松林等则研究了低幅小载荷循环的锻炼效应，认为在等强化准则的运用过程中，应考虑累积载荷频次和低幅强化载荷的频次。Gough H. J.、Sinclair G. M.和 Nichloas T.的研究表明，利用渐增应力法能够提高软钢试件的疲劳强度，低幅强化只能提高具有应变时效性能材料(如铁锭、碳钢等)的疲劳强度。王昭林等、刘晓明等和熊峻江的研究给出了详细的等寿命折算加速方法，将载荷增大而将对应载荷谱中频次数减小，实现疲劳试验加速。此外，对于同类机械产品的标准化载荷谱的研究也在逐渐展开。国外在这方面的研究比较成熟，已形成发动机叶片、机翼根部弯矩、轿车悬挂系统以及轿车传动系统的标准化载荷谱。国内在这方面的研究很少，只有汽车后桥和装载机半轴的标准载荷谱，以及关于标准载荷谱的研究综述。

出于对载荷谱数据以及相关编制方法的涉密保护，国外对于装载机载荷谱相关研究的方法与结果均未公开。我国对装载机等工程机械的载荷谱测试与编制研究起始于 20 世纪 60 年代，吉林大学、天津工程机械研究院、江苏大学、柳工集团、徐工集团等高校科研单位与企业都做了大量的研究工作，但目前的研究还都集中在传动系统的轴类和齿轮类零件，而对装载机结构件的载荷谱测试与编制相关的研究工作很少，只有徐跃峰和伍义生分别对车架和动臂结构进行了应力谱编制，但样本数只有 15 斗，编谱结果可信度较差，且编制的应力谱无法直接应用于其他结构关注点的寿命评估和疲劳试验。缺少装载机工作装置载荷测试与编谱方法与数据，现有的仿真分析难以满足有限寿命设计与疲劳研究的需求。

从上述分析可知，目前国内研究主要是针对装载机部分机型的传动机构等关键部件开展了载荷谱研究，缺少实际作业工况下不同作业对象的工作装置载荷谱研究，不能满足产品性能提升的实际需求，全面开展装载机工作装置载荷谱的研究工作势在必行。

1.4 载荷谱的应用研究现状

载荷谱广泛应用于疲劳问题的研究中，而疲劳问题的研究起始于机械设备的失效分析。数据表明，50%～90%的机械结构破坏的主要因素是疲劳，疲劳破坏的形式因外加载荷和周围环境的变化而变化。按照研究对象的不同，疲劳可以分为结构疲劳和材料疲劳，结构疲劳以工程中不同结构形状的构件作为研究对象，材料疲劳以标准尺寸的不同材料作为研究对象；按照载荷影响下的应力状态疲劳可以分为单轴疲劳和多轴疲劳，满足一定相位条件的多轴疲劳可以简化为单轴疲劳；按照载荷波动形式疲劳可以分为横幅疲劳、变幅疲劳和随机疲劳；按照作业环境疲劳分为常规机械疲劳、蠕变疲劳、腐蚀疲劳和接触疲劳等；按照失效前的载荷循环频次数疲劳又可以分为低周疲劳、高周疲劳和超高周疲劳，常用的钢结构都属于高周疲劳范畴。

循环应力下的疲劳试验得到了 S-N 曲线和疲劳极限，明确了疲劳分析中应力幅值的影响要大于应力均值，随着研究的深入以及试验数据的积累，形成了目前工程实践中广泛应用的经典疲劳理论，奠定了常规疲劳研究的基础。在研究疲劳破坏时，可将其分为裂纹形成、裂纹扩展和失稳破坏三个阶段，相继有学者提出裂纹扩展能量理论，并逐渐发展成为断裂力学理论。Paris 公式为裂纹扩展寿命研究揭开了新的篇章，将提出的损伤容限设计称为研究热点。对于裂纹形成阶段的寿命评估研究，Janson 分析了裂纹萌生阶段的力学损伤过程，提出的损伤力学相关概念理论成为结构疲劳寿命评估研究的重要工具。随着新技术的推广应用以及疲劳断裂理论的发展，疲劳寿命研究中新的成果不断涌现，非线性损伤力学模型、全寿命模型、基于等效应变能量的疲劳寿命评估模型和基于小裂纹扩展的疲劳寿命评估模型相继被提出。考虑环境因素的影响，建立的疲劳寿命评估模型有高温蠕变疲劳寿命评估模型和腐蚀疲劳寿命评估模型。此外，裂纹扩展与寿命评估指数模型、多轴疲劳寿命评估模型、变幅载荷下高周多轴疲劳寿命评估模型以及针对新型复合材料的寿命评估模型得到了不断发展。

　　疲劳寿命评估包括设计寿命评估和剩余寿命评估。设计寿命评估，主要是指在产品设计阶段，通过理论计算与实验验证确定结构的设计寿命；剩余寿命评估，是指设备在运行期间，计算结构从当前开始直至发生疲劳破坏的剩余使用寿命。对于金属材料和机械零部件的疲劳寿命评估，最常用的方法有如下几种：基于应力或应变的疲劳寿命评估方法、基于断裂力学或损伤力学的疲劳寿命评估方法、基于能量法的疲劳寿命评估模型和基于疲劳累积损伤理论的寿命评估方法。基于应力的疲劳寿命估算，是以材料应力寿命曲线为基础，每一个应力循环对应一个疲劳寿命，常用于结构高周疲劳寿命估算；基于应变的疲劳寿命评估方法，则适用于长寿命、低应力的情况，以应变寿命曲线为基础，常用 Manson-Coffin 公式或者修正的 Manson-Coffin 公式进行寿命计算，多用于低周疲劳寿命估算；基于断裂力学的疲劳寿命评估，是以应力强度因子作为结构破坏与否的评判准则，用疲劳裂纹扩展速率变化大小来表征裂纹扩张的快慢；基于疲劳累积损伤理论的寿命评估方法中，最常用也是最经典的是 Miner 线性累积损伤模型。

　　英国剑桥大学学者 Brown M. W.和 Miller K. J.在研究大量的疲劳数据后发现，用单一的疲劳参数来描述多轴疲劳是很难获取较为合理的结果，并提出了利用两个参数来描述多轴疲劳过程。在 Li J.等的研究中，指出在相同的等效应变或应力幅加载下，作用在最大剪切应变幅平面上的正应变范围和正应力范围会随拉伸与扭转载荷间相位角的增大而增大，而最大剪切应变范围却随相位角的增大而减小，特别是在多轴随机载荷下，它们之间的关系将会更加复杂。尚德广等分析了多轴损伤临界面上的应力与应变变化特性，利用多轴临界面上的剪切应变与相邻两个最大剪切应变值之间的法向应变作为形成多轴疲劳损伤参量的主要参数，提出了基于拉伸和剪切两种形式的多轴疲劳损伤参量,建立的多轴疲劳损伤模型不需要任何附加的多轴疲劳性能常数。包名等和 Lemaitre J 等提出的三参数多轴疲劳损伤模型,同时考虑临界平面上的正应变行程和最大剪应变变化范围,并且增加了最大正应力的影响,提出一个新的多轴疲劳损伤参量。三参数多轴疲劳损伤模型能够反映非比例加载条件下由于应变主轴旋转而造成的附加强化效应,即能有效地描述材料的非比例附加强化效应会使疲劳寿命缩短这一现象。基于临界平面的 Smith -Watson -Topper 理论认为,某些载荷情况下裂纹的萌生及扩展主要受正应力或正应变的影响,即考虑最大正应变范围的影响,同时考虑最大应力的影响提出新的疲劳模型。Wang 和 Brown 考虑剪应变、平均应力对疲劳寿命影响,得到新的疲劳寿命评估模型。

　　焊接结构的疲劳强度取决于机械产品整体结构构造和焊接接头细部特征等因素。产品整体的结构构造决定疲劳载荷传递与分配规律,焊接接头的细部特征主导局部应力应变行为,焊接结构整体构造因机械产品的功能设计而出现差异,对同一类型产品焊接结构的疲劳则取决于焊接接头细部特征,BS7608 标准和 IIW 标准都提供了大量的焊接细部结构疲劳评估基础数据,不同标准的适应性则需要通过损伤计算进行选择。疲劳寿命研究涉及多学科知识交叉融合,寿命评估结果受到载荷测试精度、载荷谱编制方法以及计算方法选取等诸多因素的影响,目前的研究多局限于材料或局部单一构件的寿命评估。承受复杂多变载荷的装载机工作装置,其疲劳寿命评估的难点在于缺少能体现真实工况的载荷数据、程序载荷谱编制精度控制以及疲劳试验验证困难。在装载机工作装置真实载荷谱测试中,需要合理选择测试工况,明确工作装置各结构测点位置,从而得到较为完整的载荷谱数据信息。程序载荷谱编制精度主要依赖于原始数据测试时传感器精度的控制,载荷谱测试前获取传感器标定数据,选择适当的数据处理方法得到误差最小的传感器标定曲线,这是获得较高精度的程序载荷谱的前提。疲劳寿命试验验证时,通过液压缸给装载机施加程序载荷,在长时间加载过程中,可以对疲劳试验台架结构及其液压系统进行改进,以求实现加载能量的回馈。此外,构建实测载荷谱数据库,利用计算机技术对现有疲劳仿真软件进行二次开发,建立基于实测载荷谱的装载机工作装置疲劳数值仿真模型,替代部分试验进行疲劳寿命研究,从而减少研发费用,缩短研发周期。

　　由于工作过程中受到载荷的随机性和材料疲劳性能的不确定性等因素的影响,使得装载机工作装置疲劳损伤过程具有随机性的特点,因而结合其实际载荷谱对其进行疲劳寿命评估方法研究具有重要意义。

1.5　本书主要内容安排

全书针对装载机工作装置缺少基本载荷谱数据及使用过程中不断出现的结构疲劳破坏问题，以国产装载机工作装置为研究对象，采用理论分析和试验相结合的研究方法，对真实作业环境下装载机工作装置载荷谱展开相关研究。各章主要内容如下：

第一章内容是本书的绪论，主要介绍编著本书的背景及现有技术现状，并简要说明本书的主要内容安排。

第二章内容是关于装载机工作装置载荷测试技术与试验方法。本章分析了装载机工作装置与物料之间相互作用力的产生过程，以及外载荷与铰点载荷之间的数学关系，系统地论述了装载机工作装置载荷测试试验方法。

第三章内容是在工作装置刚柔耦合动力学分析的基础上，研究惯性力对铰点载荷测试的影响规律，并基于 D-H 坐标变换原理提出一种工作装置斗尖载荷识别模型，明确正载、偏载和侧载载荷分量分别对工作装置结构应力分布规律的影响。

第四章内容是关于装载机工作装置疲劳试验载荷当量与载荷谱编制方法建立了固定姿态下工作装置外载荷当量模型，并研究了不同载荷谱编制方法对工作装置的适用性，获得了装载机工作装置疲劳试验载荷谱数据。

第五章内容是关于载荷谱在疲劳寿命评估方面的应用，编制工作装置疲劳关注点的应力谱，并以名义应力法为基础对当量外载荷谱进行损伤一致性修正，明确了载荷谱作用下装载机工作装置细部结构的疲劳寿命评估方法。

第六章内容是基于载荷谱在疲劳寿命评估方面的应用研究结果，编制的装载机工作装置疲劳寿命快速评估软件平台主要操作界面。

第二章　装载机工作装置载荷测试试验方法

2.1　工作装置铲装作业阻力形成过程

2.1.1　工作装置结构与载荷参数

　　装载机主要用来铲装和短距离运输散状物料，装载机工作装置主要由铲斗和辅助铲斗铲装、卸载物料作业的连杆系统组成，国内市场上的装载机工作装置多数由直线形带齿铲斗与反转六连杆机构组成。连杆机构主要包括动臂、摇臂、连杆、动臂油缸和摇臂油缸等部件，摇臂油缸和动臂油缸作为驱动，使整个机构有明确的运动。当动臂油缸闭锁时，摇臂油缸工作，铲斗将绕动臂与铲斗铰接点做定轴转动；当摇臂油缸闭锁时，动臂油缸工作，铲斗将随动臂对动臂与铲斗铰接点做牵引运动的同时相对动臂绕动臂与车架铰接点做相对转动。反转六连杆机构可以获得较大的连杆系统倍力系数和掘起力，使得铲斗具有良好的平动特性，并能实现铲斗自动放平。动臂油缸和摇臂油缸相互作用，实现散状物料的铲装、运输及卸料。装载机工作装置结构如图2.1 所示。

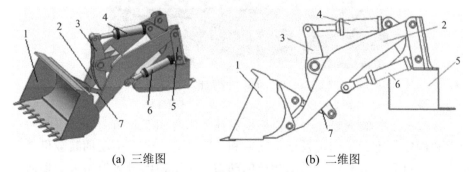

(a) 三维图　　　　　　　　　　　　(b) 二维图

1—铲斗；2—动臂；3—摇臂；4—摇臂油缸；5—车架；6—动臂油缸；7—连杆

图 2.1　装载机工作装置结构图

　　装载机工作装置的结构力学性能直接影响整机尺寸和作业性能，并决定着装载机生产效率、工作负荷、工作循环时间及动力特性。本书选用的试验样机为徐工集团工程机械有限公司生产的型号为 ZL50G 和 LW900K 装载机，两种机型在同类机型中均具有明显的代表性，在国内拥有数量众多的用户。选择这两种具有代表性吨位的装载机作为试验样机，将有利于工作装置载荷谱和疲劳寿命试验研究成果的推广应用。两种型号的试验样机如图 2.2 所示。

(a) ZL50G 型装载机

(b) LW900K 型装载机

图 2.2　ZL50G 型和 LW900K 型试验样机

　　装载机工作装置设计阶段需要根据插入阻力和掘起阻力来考虑结构自重和额定载重量，确定发动机功率和铲斗斗容。四轮驱动的装载机牵引力提供自身行进和铲斗插入物料的动力，牵引力的最大值不大于地面附着力，即装载机牵引力和整机自重需分别满足式(2.1)和式(2.2)所示的力学关系。

$$m_z g \psi_1 \geqslant F_q \geqslant F_{in} + m_z g \psi_2 \tag{2.1}$$

$$m_z \geqslant \frac{F_{in}}{g(\psi_1 - \psi_2)} \tag{2.2}$$

式中，m_z 为装载机质量，单位 kg；

F_q 为装载机牵引力，单位 N；

F_{in} 为铲斗插入阻力，单位 N；

ψ_1 和 ψ_2 分别为轮胎的滚动阻力系数和附着系数。

轮胎的滚动阻力系数和附着系数分别如表 2.1 和表 2.2 所示。

表 2.1　轮胎的滚动阻力系数

路面条件	滚动阻力系数	路面条件	滚动阻力系数
沥青混凝土	0.018～0.02	泥泞土路	0.10～0.25
碎石	0.02～0.025	干砂	0.10～0.30
干燥土路	0.025～0.035	湿砂	0.06～0.15

表 2.2　轮胎的附着系数

路面类型	路面状态	附着系数		路面类型	路面状态	附着系数	
		高压轮胎	低压轮胎			高压轮胎	低压轮胎
沥青/混凝土	干燥	0.50～0.70	0.70～0.80	土路	干燥	0.40～0.50	0.50～0.60
	潮湿	0.35～0.45	0.45～0.55		潮湿	0.20～0.40	0.30～0.45
碎石	干燥	0.50～0.60	0.60～0.70	砂质	干燥	0.20～0.30	0.22～0.40
	潮湿	0.30～0.40	0.40～0.50		潮湿	0.35～0.40	0.40～0.50

由轮胎滚动阻力系数和附着系数来确定装载机的自重和牵引力，ZL50G 型和 LW900K 型装载机的整机自重分别为 16 800kg 和 28 500kg，最大牵引力分别为 165 kN 和 280 kN。

装载机工作装置的额定载重量在保证整机稳定性的基础上，通常由式 (2.3) 求得。铲斗斗容设计初值则根据额定载重量求得，见式 (2.4)。

$$m_r = \psi_3 m_z \tag{2.3}$$

$$V_r = \frac{m_r}{\rho} \tag{2.4}$$

式中，m_r 为装载机额定载重，单位 kg；

　　　　ψ_3 为重量利用系数，通常取 0.25～0.3；

　　　　V_r 为铲斗额定容量，单位 m³；

　　　　ρ 为物料密度，初值常取 2000 kg/m³。

　　ZL50G 型和 LW900K 型装载机的额定载重分别为 5000 kg 和 9000 kg，铲斗的标准额定容量分别为 3 m³ 和 5 m³。在装载机工作装置设计阶段，最重要的两个力学分析参数为最大插入力和最大掘起力，其中铲斗插入物料时的最大插入力等于最大牵引力减去轮胎与路面的滚动阻力，最大掘起力被定义为铲斗绕铲斗与动臂铰点回转引起装载机后轮离地时作用在铲斗切削刃后 0.1m 处的最大垂向力。最大插入力和最大掘起力计算如式(2.5)和式(2.6)所示。

$$F_{inmax} = P_{max} \frac{\psi_4}{v_{in}} - m_z g \psi_2 \tag{2.5}$$

$$F_{upmax} = \psi_5 m_r g \tag{2.6}$$

式中，F_{inmax} 为最大插入力，单位 N；

　　　　P_{max} 为发动机最大有效功率，单位 W；

　　　　v_{in} 为插入速度，单位 m/s；

　　　　ψ_4 为传动系能量利用效率；

　　　　F_{upmax} 为最大掘起力，单位 N；

　　　　ψ_5 为掘起力系数，常取 1.8～3.0。

　　最大插入阻力取决于装载机发动机能量利用效率以及插入物料时行驶速度等因素，最大插入阻力不大于装载机的最大牵引力，因而常用最大牵引力值作为最大插入阻力的近似值。对于最大掘起阻力则可以通过式(2.6)计算或通过试验测得，试验时在铲掘姿态下掘起铲斗至后轮离地，即可测得装载机最大掘起力，如图 2.3 所示。

　　通过式(2.6)计算得到的 ZL50G 型和 LW900K 型装载机工作装置最大掘起力分别为 150 kN 和 270 kN，试验实测分别为 185 kN 和 300 kN，理论计算与试验实测值之间的误差分别为 18.92% 和 10%。由于在产品设计初期，理论上推导的最大掘起力偏于保守，而实际产品的最大掘起力是以工作装置倍力系数最优为目标对连杆结构进行了优化而得。

图 2.3　装载机工作装置最大掘起力的测试

2.1.2　铲斗与物料相互作用过程

装载机作业过程中，工作装置直接承受来自外部物料的作业阻力，铲斗插入和掘起物料的阻力大小与铲取过程以及物料属性相关，分析装载机铲取过程和铲斗物料之间的相互作用过程，能够较为清晰地获得工作装置外载荷产生机理。装载机的作业对象为散状物料，铲装物料时破坏了物料颗粒表面之间的粘接关系，可以假定散体物料为弹性体来进行理论分析。力在物料颗粒之间相互传递，从料堆中掘取和分离物料时工作装置受力取决于铲斗的铲取轨迹和装满情况。铲斗铲掘物料的过程大致可以分为三个阶段：第一阶段为插入物料，铲斗只受插入物料时的阻力，阻力值随着插入物料深度的增加而增大；第二阶段为掘起物料，铲斗插入物料最深处然后在摇臂油缸作用下进行翻转，此时铲斗受掘起阻力作用；第三阶段为铲斗脱离料堆至铲斗完全收斗结束，此时只有斗内物料重力作用在铲斗上。该三个阶段铲斗所受物料阻力受力图如图 2.4 所示。

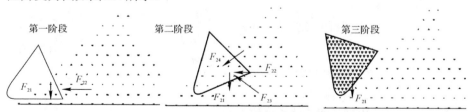

图 2.4　工作装置铲装作业分段受力图

图中，F_{21} 为斗内物料重力；F_{22} 为铲斗插入物料的阻力；F_{23} 为物料对铲斗底板的支撑阻力；F_{24} 为铲斗内物料对铲斗底板的阻力。

第一阶段的阻力分析较为明确，但插入阻力难以直接获取。姚践谦等通过对装载机铲斗插入物料机理和阻力研究，认为在满足插入阻力与插入物料深度存在明确的函数关系时，插入物料阶段铲斗所受阻力包含铲斗前切削刃和侧壁切削刃阻力、铲斗底板内外表面与物料摩擦阻力以及铲斗侧板内外表面与物料的摩擦阻力，可分解为切向分力和法向分力，并给出了切向分力 F_T 和法向分力 F_N 的经验公式，见式(2.7)。

$$\begin{bmatrix} F_{\text{T}} \\ F_{\text{N}} \end{bmatrix} = KB \begin{bmatrix} F_{\text{t}} \\ F_{\text{n}} \end{bmatrix} \tag{2.7}$$

式中，K 为综合修正系数；

　　　B 为铲斗宽度；

　　　F_{t} 和 F_{n} 分别为单位宽度切向力和法向力。

单位宽度下切向力和法向力在砂料、中型块状物料(物料粒径与铲斗宽度比不大于 0.22)和大型块状物料(物料粒径与铲斗宽度比大于 0.22 且小于等于 0.55)下的经验公式分别如式(2.8)～式(2.10)所示。

$$\begin{cases} F_{\text{t}} = 9.8\left(0.05 K_0 H_0 - 0.2\right) K_0^{-2} \left(\dfrac{L_1}{L_2}\right)^{0.85 + 0.036 K_0 H_0} \\ F_{\text{n}} = 0.39 K_0^{-1} H_0 \left(\dfrac{L_1}{L_2}\right)^{1.18 + 0.000172 K_0 H_0} \end{cases} \tag{2.8}$$

$$\begin{cases} F_{\text{t}} = 9.8\left(0.08 K_0 H_0 + 0.3\right) K_0^{-2} \left(\dfrac{L_1}{L_2}\right)^{0.84} \\ F_{\text{n}} = 9.8\left(0.046 K_0 H_0 + 0.4\right) K_0^{-2} \left(\dfrac{L_1}{L_2}\right)^{1.38 - 0.005 K_0 H_0} \end{cases} \tag{2.9}$$

$$\begin{cases} F_{\text{t}} = 9.8\left(0.16 K_0 H_0 - 0.9\right) K_0^{-2} \left(\dfrac{L_1}{L_2}\right) \\ F_{\text{n}} = 9.8\left(0.112 K_0 H_0 - 0.5\right) K_0^{-2} \left(\dfrac{L_1}{L_2}\right) \end{cases} \tag{2.10}$$

式中，K_0 为试验模型与实物的长度比系数；

　　　H_0 为物料料堆的高度；

　　　L_1 为铲斗底板插入物料的深度；

　　　L_2 为铲斗深度。

第二阶段铲斗所受阻力比较复杂，可以利用库伦土压力理论将铲斗复杂的受力计算简化为一个虚拟面上的单一阻力，认为在铲斗内部物料和料堆物料之间有一个接触分离面，铲斗外部物料阻力则直接作用在这一虚拟的分离面上，其结构原理如图 2.5 所示。

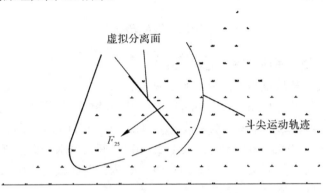

图 2.5　虚拟面简化铲掘阻力

利用库伦土压力理论给出了虚拟面上的力 F_{25} 的经验公式为

$$F_{25} = \frac{\rho H_1^2}{2(\sin\xi_2)^2 \sin(\xi_3 - \xi_2)} \cdot \frac{\left[\sin(\xi_4 + \xi_2)\right]^2}{\left[1 + \sqrt{\dfrac{\sin(\xi_4 + \xi_3)\sin(\xi_4 - \xi_5)}{\sin(\xi_4 - \xi_2)\sin(\xi_2 - \xi_5)}}\right]} \quad (2.11)$$

式中，H_1 铲斗铲土的高度；

ξ_2 为虚拟分离面与竖直方向的夹角；

ξ_3 为力 F_{25} 作用线与虚拟分离面法向夹角；

ξ_4 为斗尖运动轨迹点切向与竖直方向的夹角；

ξ_5 为料堆坡面与地面之间的夹角。

第三阶段工作装置只承受斗内物料的重力作用，在运输物料过程中，路面颠簸等因素会造成工作装置结构受力出现一定范围的波动。

2.1.3　工作装置作业阻力经验模型

通过装载机自重、工作装置额定载重量以及最大插入力和最大掘起力等参数的估算，进行装载机工作装置及整机的选型设计。分析工作装置与物料之间的相互作用过程，确定了工作装置外阻力的形成原理，但是经验公式过于复杂，现有的静力学和动力学仿真分析中仍广泛采用前苏联科学家提出的外阻力经验模型，该模型将装载机工作装置所受外阻力细分为插入阻力、掘起阻力和转斗阻力矩。插入阻力的主要影响因素包括物料类型、料堆高度、铲斗形状、插入物料角度以及深度等，总插入阻力的经验公式如式(2.12)所示。

$$F_{in} = 9.8K_1K_2K_3K_4BL_1^{1.25}$$
(2.12)

式中，K_1 为物料属性系数，见表 2.3；

K_2 为物料块度与松散度系数，见表 2.4；

K_3 为铲斗斗形系数，$K_3 = K_{31}K_{32}K_{33}$，其中，铲斗侧板影响系数 $K_{31} = 1.05 + (\xi_0 + \xi_1 - 45)/120$，斗齿影响系数 $K_{32} = 1.2 - 0.2B/R + K_{321}$，铲斗底板与地面倾角系数 $K_{33} = 0.83 + 0.0155\xi_0$，其中 ξ_0 为铲斗底板与水平面的夹角度数，ξ_1 为铲斗底板前端与侧壁前缘的倾角度数，R 为铲斗底板前沿圆弧半径，K_{321} 为铲斗斗齿间距系数，见表 2.5；

K_4 为物料料堆高度系数，见表 2.6；

B 为铲斗宽度；

L 为铲斗插入物料深度。

注：式中的长度、宽度以及半径单位均为 cm。

表 2.3　物料属性系数

物料	密度参数/(kg·m⁻³)	系数值	物料	密度参数/(kg·m⁻³)	系数值
砂子	1700	0.06	花岗岩石	2750~2800	0.14
砂砾石	2300~2450	0.10	铁矿石	3200~3800	0.17
砂质页岩	2650~2750	0.12	磁铁矿石	4200~4500	0.2

表 2.4　物料块度与松散度系数

物料块度类型	细颗粒	小块状	接近 0.3m	小于 0.4m	小于 0.5m	其他
系数值	0.45~0.5	0.75	1.0	1.1	1.2	值扩大 1.2~1.4 倍

表 2.5　铲斗斗齿间距系数

斗齿间距/m	0.03~0.035	0.02~0.03	0.012~0.02	0.01~0.012	无斗齿
系数值	0.05	0.10	0.15	0.25	0.35

表 2.6　物料料堆高度系数

物料料堆高度/m	0.4	0.5	0.6	0.8	1.0	1.2	1.4
系数值	0.55	0.6	0.8	1.0	1.05	1.1	1.15

　　在装载机铲斗型号和铲装物料种类确定后，铲斗底板与水平面夹角 ξ_0 和插入物料深度 L_1 之外的其余参数可根据铲斗结构和上述系数表确定。以 ZL50G 型装载机在铲装 1.4 m 高的花岗岩碎石料为例，插入阻力计算公式中系数 K_1 取 0.14，K_2 取 0.75，ξ_1 为 60，B 为 300，R 为 150，K_{321} 取 0.05，K_4 取 1.15，插入阻力与铲斗插入物料角度和插入物料深度的关系如式(2.13)和图 2.6 所示。

$$F_{in} = \left(0.03898\xi_0^2 + 7.5827\xi_0 + 294.2817\right)L_1^{1.25} \tag{2.13}$$

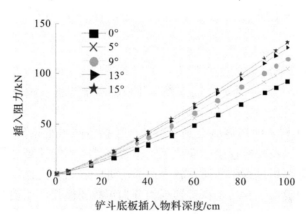

图 2.6　铲斗插入阻力与插入角度和插入物料深度关系图

　　ZL50G 型装载机工作装置在铲斗倾斜 15°时，插入物料的最大插入阻力为 145.9kN，小于该型号装载机的最大牵引力 165kN。利用指数关系模型模拟插入阻力与插入物料深度的关系，并利用二次多项式模型模拟插入阻力与插入物料角度的关系，可以描述工作装置所受插入阻力随插入深度的增加或者插入角度的增大而增大的基本事实。在铲斗插入物料的初始阶段，角度对插入阻力的影响基本可以忽略，随着插入物料深度的增加，角度对插入阻力的影响程度也逐渐增大。

　　掘起阻力则为铲斗插入物料一定深度后，举升动臂时物料作用于铲斗底板上的阻力。胡旭宇等认为掘起阻力大小主要受物料的剪切破坏产生的阻力影响，在铲斗刚开始举升时，铲斗内部物料与料堆物料之间的剪切面最大，因此认为最大掘起阻力出现在铲斗开始举升时，最大掘起阻力的经验公式如式(2.14)所示。

$$F_{up} = 2.2K_5BL_1 \tag{2.14}$$

式中，K_5 为物料剪应力系数，不同种类的物料可通过试验测试获取；

　　　　B 为铲斗宽度，单位 m；

　　　　L 为铲斗插入物料深度，单位 m。

　　当铲斗插入物料料堆一定深度后，通过摇臂油缸的作用使铲斗翻转，此时动臂油缸锁死，铲斗以动臂与铲斗的铰接点为回转中心进行转动，铲斗受到转斗时料堆物料阻力产生的阻力矩以及斗内物料和铲斗自重产生的阻力矩，在转斗起始时阻力矩最大，其经验公式如式(2.15)所示。

$$M_r = 1.1F_{inz}\left[0.4\left(L_3 - 0.25L_1\right) + L_4\right] + \left(m_c + m_r\right)gL_5 \tag{2.15}$$

式中，M_r 为转斗初始时刻阻力矩，单位 N·m；

　　　　F_{inz} 为铲斗转斗时的插入阻力，单位 N；

　　　　L_3 与 L_4 分别为动臂铲斗铰接点与斗刃的水平和垂直距离，单位 m；

　　　　m_c 为铲斗的自重，单位 kg；

　　　　L_5 为铲斗与斗内物料质心到动臂铲斗铰接点的水平距离，单位 m。

　　上述经验公式在一定程度上简化了工作装置外阻力的计算过程，便于工程应用。在实际分析过程中，通常将上述载荷进一步简化为铲斗斗齿前沿的水平载荷和垂向载荷，并将工作装置受力分为正载和偏载，如图2.7所示。

垂向载荷

水平载荷

(a) 正载受力

(b) 极限偏载受力

图 2.7 装载机工作装置外载荷施加方式

在铲装小块度物料时，插入料堆和掘起物料时铲斗受到的外力可以认为符合正载受力，一个作业周期内在保证铲装效率的前提下以物料满斗为准，运输物料过程中松散物料在铲斗内基本处于均布状态，同样符合正载受力。在铲装大块度物料时，物料在铲斗内的不均匀分布会造成载荷偏向铲斗的某一侧，偏载在实际中是存在的，但是偏载载荷的偏距以及载荷大小需要通过试验来确定。

2.2　工作装置铰点载荷测试方法研究

2.2.1　外载荷与铰点载荷的关系

由对装载机工作装置作业阻力的分析可知，工作装置所受外载荷与较多因素有关，很难通过试验直接测得各阻力值，本书从工作装置所受外载荷与铰点载荷的关系入手，探讨并建立一种合适的载荷测试方法。在铲装作业过程中，各构件之间通过铰接点相互连接并传递动臂油缸和摇臂油缸提供的动力，最终克服物料给予铲斗的作业阻力。对工作装置各构件进行力学分析需要确定构件上铰点处的受力，进行疲劳寿命分析则需要确定各构件铰点的载荷时间历程。然而同时测试所有铰点的载荷则会增加试验的复杂性和试验成本，基于达朗贝尔原理中利用静力学中研究平衡问题的方法来研究工作装置各构件铰接点之间的力学问题，建立工作装置外载荷与铰点载荷之间的对应关系。首先，对工作装置各个部件进行单独的力学分析，将坐标系选为全局坐标系，以水平地面为 x 方向，垂直水平地面为 y 方向，同时垂直 x 和 y 方

向的为 z 方向，考虑铲装作业过程中的构件自重和惯性力，建立工作装置动平衡状态下各铰点的受力模型如图2.8所示。

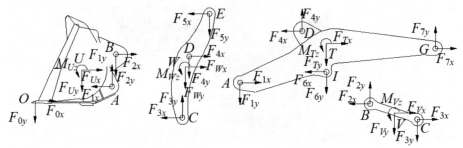

图2.8　工作装置各构件铰点受力数学模型

图中，点 A、B、C、D、E、G、I 分别为动臂与铲斗铰点、铲斗与连杆铰点、连杆与摇臂铰点、摇臂与动臂铰点、摇臂与摇臂油缸铰点、动臂与动臂油缸铰点、动臂与前车架铰点，点 O 为铲装物料时铲斗底板切削刃中心点，点 T、U、V、W 分别为动臂、铲斗、连杆和摇臂的质心点。铰点 A、B、C、D、E、G、I 处所受的水平方向外力大小分别为 F_{1x}、F_{2x}、F_{3x}、F_{4x}、F_{5x}、F_{6x}、F_{7x}，所受的竖直方向外力大小分别为 F_{1y}、F_{2y}、F_{3y}、F_{4y}、F_{5y}、F_{6y}、F_{7y}。铲斗切削刃中心点 O 处所受阻力的合外力在水平方向的分力为 F_{0x}，在竖直方向的分力为 F_{0y}。质心点 T、U、V、W 所受惯性力在水平方向的分力分别为 F_{Tx}、F_{Ux}、F_{Vx}、F_{Wx}，在竖直方向惯性力的分力和重力的合力分别为 F_{Ty}、F_{Uy}、F_{Vy}、F_{Wy}，各质点的惯性矩分别为 M_{Tz}、M_{Uz}、M_{Vz}、M_{Wz}。

在铲装和卸料作业过程中，视工作装置各构件的运动为平面运动，动臂、摇臂、连杆和铲斗的运动均可以视为绕各自质点的转动和随质点的平动而组成的复合运动。根据达朗贝尔原理，将动臂、铲斗、摇臂和连杆分离出来并考虑自重和惯性力，平衡状态下构件在水平方向和竖直方向的合力及对质心的合力矩为0，得到动臂动平衡状态下外力数学关系如式(2.16)～式(2.18)所示。

$$F_{Tx} + F_{1x} - F_{4x} - F_{6x} + F_{7x} = 0 \tag{2.16}$$

$$F_{Ty} + F_{1y} - F_{4y} + F_{6y} - F_{7y} = 0 \tag{2.17}$$

$$\begin{aligned} &\left[F_{1y}(x_T - x_1) - F_{4y}(x_T - x_4) + F_{6y}(x_T - x_6) - F_{7y}(x_T - x_7) \right] - M_{Tz} + \\ &\left[-F_{1x}(y_T - y_1) + F_{4x}(y_T - y_4) - F_{6x}(y_T - y_6) - F_{7x}(y_T - y_7) \right] = 0 \end{aligned} \tag{2.18}$$

铲斗动平衡状态下外力关系如式(2.19)～式(2.21)所示。

$$F_{Ux} - F_{1x} + F_{2x} + F_{0x} = 0 \tag{2.19}$$

$$F_{Uy} - F_{1y} - F_{2y} + F_{0y} = 0 \tag{2.20}$$

$$\left[-F_{1x}(y_U - y_1) + F_{2x}(y_U - y_2) + F_{0x}(y_U - y_0) \right] + \left[F_{1y}(x_U - x_1) + \right.$$
$$\left. F_{2y}(x_U - x_2) - F_{0y}(x_U - x_0) \right] + M_{Uz} = 0 \tag{2.21}$$

摇臂动平衡状态下外力关系如式(2.22)~式(2.24)所示。

$$F_{Wx} - F_{3x} + F_{4x} - F_{5x} = 0 \tag{2.22}$$

$$F_{Wy} - F_{3y} + F_{4y} + F_{5y} = 0 \tag{2.23}$$

$$\left[-F_{3x}(y_W - y_3) + F_{4x}(y_W - y_4) - F_{5x}(y_W - y_5) \right] -$$
$$\left[-F_{3y}(x_W - x_3) + F_{4y}(x_W - x_4) + F_{5y}(x_W - x_5) \right] + M_{Wz} = 0 \tag{2.24}$$

连杆动平衡下外力关系如式(2.25)~式(2.27)所示。

$$-F_{2x} + F_{3x} + F_{Vx} = 0 \tag{2.25}$$

$$-F_{2y} + F_{3y} + F_{Vy} = 0 \tag{2.26}$$

$$\left[F_{3x}(y_V - y_3) - F_{2x}(y_V - y_2) \right] - \left[F_{3y}(x_V - x_3) - F_{2y}(x_V - x_2) \right] + M_{Vz} = 0 \tag{2.27}$$

式中，x_i、$y_i (i=0, 1, \cdots, 7)$为切削刃中心点、各铰接点和各构件质心点在全局坐标系下的坐标。

动臂的惯性力在水平方向的分力、竖直方向的分力以及惯性矩分别如式(2.28)~式(2.30)所示。

$$F_{Tx} = -m_T \alpha_{Tx} \tag{2.28}$$

$$F_{Ty} = -m_T \left(\alpha_{Ty} + g \right) \tag{2.29}$$

$$M_T = -J_T \beta_T \tag{2.30}$$

式中，m_T为动臂质量；α_{Tx}为动臂在 x 方向的线加速度；α_{Ty}为动臂在 y 方向的线加速度；g 为重力加速度；J_T 为动臂结构的转动惯量；β_T 为动臂转动的角加速度。

　　同理，在铲斗、摇臂和连杆的质量、转动惯量和 x 方向、y 方向的线加速度以及转动角加速度已知时，其惯性力也可以由计算获得。工作装置各构件的线加速度和角加速度可以由动臂油缸位移、摇臂油缸位移和工作装置姿态来确定，各构件的转动惯量由理论力学知识可以求得。装载机工作装置铰点力关系中铰点 A、B、C、D、E、G、I 处的外力和铲斗切削刃 O 点处的外力等 16 个参数为未知量，即确定这 16 个未知参数中的任意 4 个，便可通过联立式(2.16)～式(2.27)共 12 个方程实现动平衡状态下工作装置铰点力关系的理论求解。

　　将铲斗从整体结构中隔离，以铲斗与动臂的铰接孔和铲斗与连杆的铰接孔轴心连线为 x_0 方向，建立铲斗局部坐标系。铲斗局部坐标下铲斗斗尖载荷或者单一当量外力与铰点载荷之间的力学关系如图 2.9 所示。

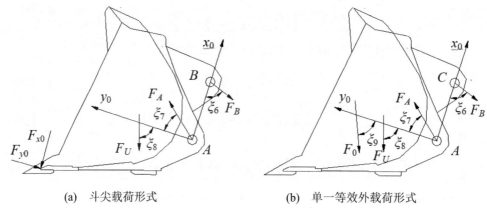

(a) 斗尖载荷形式 　　　　　　　(b) 单一等效外载荷形式

图 2.9 工作装置外载荷与铲斗铰点载荷关系图

图中，F_A 为铰接点 A 所受外力；

　　　F_B 为铰接点 B 所受外力；

　　　F_U 为铲斗自重；

　　　F_{x0} 和 F_{y0} 为铲斗受到来自物料的外载荷简化至铲斗中心斗齿处的载荷在铲斗局部坐标系下的分量；

　　　F_0 为铲斗受到来自物料的外载荷简化为铲斗局部坐标系下单一等效载荷；

　　　ξ_6 为力 F_B 与 x_0 轴的夹角；

　　　ξ_7 为力 F_A 与 y_0 轴的夹角；

ξ_8 为力 F_U 与 y_0 轴的夹角；

ξ_9 为力 F_0 与 y_0 轴的夹角。

力的正方向与坐标系箭头所指方向一致。

装载机工作装置在作业过程中，可以认为瞬时时刻是保持静力平衡的，根据力的平衡原理可得斗尖载荷形式和单一等效外载荷形式的平衡方程如式(2.31)所示。

$$\begin{cases} F_{x0} = F_0 \sin \xi_9 = F_U \sin \xi_8 - F_A \sin \xi_7 + F_B \cos \xi_6 \\ F_{y0} = F_0 \cos \xi_9 = F_U \cos \xi_8 - F_A \cos \xi_7 + F_B \sin \xi_6 \end{cases} \tag{2.31}$$

由上述分析可知，在获得角度参数 ξ_6、ξ_7、ξ_8 和 ξ_9 的大小以及铰点力 F_A、F_B 和铲斗重力 F_U 的大小后，便可通过式(2.31)所示力学方程求得工作装置外载荷，即得到铰点载荷与工作装置外载荷的对应关系。

2.2.2 载荷测试测点布置方案

现有的装载机铲斗外载荷测试方法是在工作装置动臂上选取几个敏感位置提取应力值，通过测试的应力时间历程进行疲劳评估，这种测试方法只局限于有限个关注点的应力测量，无法获取工作装置所受的真实外力。从装载机工作装置力学分析角度考虑，各铰接点处销轴力的载荷时间历程是试验测试的重点。工作装置中铲斗是与物料直接相接处并相互产生阻力作用，当动臂与铲斗以及连杆与铲斗的铰点载荷已知时，其他铰接点处的受力大小均可通过铰点之间的力学关系计算获得。

由工作装置外载荷与铰点载荷的关系分析可知，角度参数 ξ_6 和 ξ_8 在工作装置姿态确定时，分别是根据连杆和铲斗的夹角以及铲斗与地面的夹角换算得来。将外载荷简化为斗尖载荷的形式时，角度参数 ξ_7 则无法求出，在载荷测试时需要确定铰点 A 处两个方向的载荷以及铰点 B 处的单方向载荷；将外载荷简化为单一方向等效载荷时，角度参数 ξ_9 同样无法通过工作装置姿态参数求出，需要引入中间参数间接获取单一方向等效载荷的方向以及作用点位置。铰点 B 是铲斗与连杆的铰接点，连杆是典型的二力杆结构，通过连杆所受拉力或压力的测试，可以得到铰点 B 所受的单方向力。铰点 A 是铲斗与动臂的铰接点，铰点 A 所受的合外力方向是不断变化的，将其合外力分解至铲斗局部坐标系下，此时铰点 A 所受 x_0 和 y_0 方向的外力相对铲斗是静止的，便于设计传感器进行载荷测试。因此，确定装载机工作装置载荷测试的基本测点为动臂与铲斗铰点载荷和连杆所受载荷。

　　装载物料经常会使铲斗受到偏载和侧向载荷，而现有分析中根据经验将偏载作为装载机工作装置结构有限元分析中一个不可忽略的因素，只对偏载进行定性研究，缺少对偏载载荷的定量分析，定性分析中所得偏载有限元分析结果的合理性有待检验。当工作装置中铲斗受到一个向左或向右的侧向外力影响时，动臂会对铲斗产生一个向右或者向左的等大的作用力，只要测得动臂上的所受的侧向载荷，便可得到工作装置铲斗所受等大反向的侧载，因此铲斗与动臂铰接点处的侧向力也需要作为一个测点进行测量。这里将装载机工作装置所受偏载和侧载考虑到载荷测试方案中，通过设计传感器测试动臂与铲斗左右两侧铰点的包括侧向载荷在内的三个方向的载荷值，两侧铰点在 x_0 和 y_0 方向的实测载荷差值即反映了工作装置所受载荷偏载的大小，选择铲斗与动臂两个铰接孔处的销轴力以及连杆受力作为外载荷的主要测点。

　　建立在铲斗上的局部坐标系 x_0Ay_0 相对水平地面是在不断变化的，需要测试铲斗倾角或者动臂油缸和摇臂油缸的实时伸长量，来确定各个姿态下的实测瞬时载荷。在实际测试中，工作装置结构的装配间隙使得铲斗倾角传感器测试中会产生很大测试误差。本次测试试验方案中，可选择动臂油缸和摇臂油缸的位移变化量作为姿态判定的参考依据。工作装置载荷测试测点布置如图 2.10 所示。

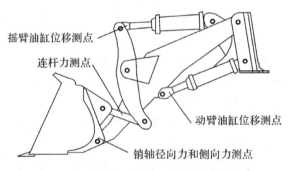

　　摇臂油缸位移测点

　　连杆力测点

　　动臂油缸位移测点

　　销轴径向力和侧向力测点

图 2.10　　工作装置载荷测试测点布置方案图

2.2.3　三维销轴力传感器测试

　　在装载机铲斗局部坐标系下，动臂与铲斗左右两侧连接的两个销轴在 x_0Ay_0 平面内受到的外力可以分解为 x_0 和 y_0 两个方向的分力 F_{x0} 和 F_{y0}，左侧铰点径向力分量为 F_{x0L} 和 F_{y0L}，右侧铰点径向力分量为 F_{x0R} 和 F_{y0R}。垂直 x_0Ay_0 平面的方向定义为 z 方向，左右两侧铰点处侧向力分别为 F_{zL} 和 F_{zR}。根据铰点 A 处所受载荷形式，设计一种销轴传感器，可以同时测得铰点径向力在两个坐标轴方向的分力以及结构所受侧向力，共三个方向的外力，其结构原理图如图 2.11 所示。

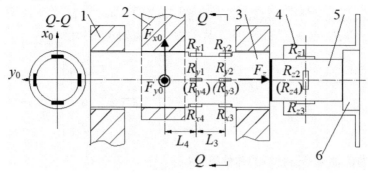

1—铲斗耳板；2—动臂板；3—径向力测试轴；
4—固定框架；5—侧向力测试轴；6—侧向支撑底座
图 2.11　三维销轴力传感器结构原理图

销轴传感器径向力测试轴上选取两个截面，截面间距为 L_3，两截面到动臂板的中心面距离分别为 $(L_3 + L_4)$ 和 L_4，两截面与 x' 和 y' 方向的交点上分别依次粘贴两组应变片 R_{x1}、R_{x2}、R_{x3}、R_{x4} 和 R_{y1}、R_{y2}、R_{y3}、R_{y4}，对两组应变片分别组桥来测量 x_0 和 y_0 方向的销轴径向力分量 F_{x0} 和 F_{y0}。侧向力测试轴上选取一个截面，依次粘贴应变片 R_{z1}、R_{z2}、R_{z3} 和 R_{z4}，并组桥来测量销轴的侧向力 F_z。销轴径向力在 x_0 和 y_0 方向分力的测量桥路以及侧向力的测量桥路如图 2.12 所示。

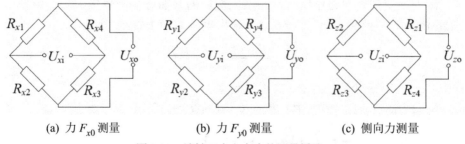

(a) 力 F_{x0} 测量　　　　　(b) 力 F_{y0} 测量　　　　　(c) 侧向力测量
图 2.12　销轴三个方向力的测量桥路

由测量电桥基本工作原理可知，图 2.12(a) 和图 2.12(b) 所示桥路的输入电压为 U_{xi} 和 U_{yi} 时，电桥输出电压 U_{xo} 和 U_{yo} 分别如式(2.32)和式(2.33)所示。

$$U_{xo} = -\frac{K_0 \cdot (\varepsilon_{x1} - \varepsilon_{x2} + \varepsilon_{x3} - \varepsilon_{x4})}{4} \cdot U_{xi} \tag{2.32}$$

$$U_{yo} = -\frac{K_0 \cdot (\varepsilon_{y1} - \varepsilon_{y2} + \varepsilon_{y3} - \varepsilon_{y4})}{4} \cdot U_{yi} \tag{2.33}$$

式中，K_0 为应变片灵敏度系数；

$\varepsilon_{xm}(\varepsilon_{ym})$ 为应变片 $R_{xm}(R_{ym})$ 的应变值，m 取 1～4。

力 F_{x0} 和 F_{y0} 的测量桥路中应变片的微应变值如式(2.34)所示。

$$\begin{bmatrix} \varepsilon_{x1}\ \varepsilon_{y1} \\ \varepsilon_{x2}\ \varepsilon_{y2} \\ \varepsilon_{x3}\ \varepsilon_{y3} \\ \varepsilon_{x4}\ \varepsilon_{y4} \end{bmatrix} = \begin{bmatrix} -L_3-L_4 & & & \\ & -L_4 & & \\ & & L_4 & \\ & & & L_3+L_4 \end{bmatrix} \cdot \frac{4}{E\pi r_0^3} \cdot \begin{bmatrix} F_{x0}\ F_{y0} \\ F_{x0}\ F_{y0} \\ F_{x0}\ F_{y0} \\ F_{x0}\ F_{y0} \end{bmatrix} \tag{2.34}$$

式中，E 为销轴传感器材料的弹性模量；

r_0 为销轴传感器贴片位置的截面半径。

销轴径向力分量与对应测试电桥输出电压之间的关系如式(2.35)所示。

$$\begin{bmatrix} U_{xo} \\ U_{yo} \end{bmatrix} = \frac{2K_0}{E\pi r_0^3} \cdot L_3 \cdot \begin{bmatrix} U_{xi} \\ U_{yi} \end{bmatrix} \cdot \begin{bmatrix} F_{x0} \\ F_{y0} \end{bmatrix} \tag{2.35}$$

在销轴传感器材料、截面形状、电桥输入电压以及销轴径向力分量均为已知时，电桥输出电压只与两个贴片截面的相对距离 L_3 有关，即无论力 F_{x0} 和 F_{y0} 在动臂板与销轴传感器接触面上如何分布，均可利用图 2.11 的贴片方式以及图 2.12 的组桥方式能够在理论上准确测量动臂与铲斗铰接点销轴径向力分量 F_{x0} 和 F_{y0} 的大小。

测力轴受到侧向力作用时，在贴应变片的截面处会产生压应变，由图 2.12(c)可知，桥路输入电压为 U_{zi} 时，输出电压 U_{zo} 如式(2.36)所示。

$$U_{zo} = \frac{K_0 \cdot (\varepsilon_{z1} - \varepsilon_{z2} + \varepsilon_{z3} - \varepsilon_{z4})}{4} \cdot U_{zi} \tag{2.36}$$

式中，ε_{zm} 为第 m 个应变片 R_{zm} 的正应变值。

侧向力测量桥路中应变片的微应变值如式(2.37)所示。

$$\begin{bmatrix} \varepsilon_{z1} \\ \varepsilon_{z2} \\ \varepsilon_{z3} \\ \varepsilon_{z4} \end{bmatrix} = \begin{bmatrix} 1 & & & \\ & -\mu & & \\ & & 1 & \\ & & & -\mu \end{bmatrix} \cdot \frac{1}{E\pi r_1^2} \cdot F_z \tag{2.37}$$

式中，μ 为泊松比；

r_1 为测力轴贴片断面处直径。

侧向力 F_z 与电桥输出电压 U_{zo} 间的关系如式(2.38)所示。

$$U_{zo} = \frac{(1+\mu)K_0 U_{zi}}{E\pi} \cdot \frac{1}{2r_1^2} \cdot F_z \qquad (2.38)$$

测力轴材料和电桥输入电压确定时，适当减小测力轴直径尺寸，可以增大断面压应变，提高电桥输出电压，便于准确测量。定义向左或向右的方向为侧向力正方向，将左右两个测力轴测得的载荷值进行叠加，即可得到工作装置所受侧向载荷值。

将连杆视为二力杆，连杆力作为连杆与动臂铰接点销轴径向力的合力。在连杆中部采用上下对称贴片组成全桥，相邻桥臂应变片方向垂直，如图2.13所示。

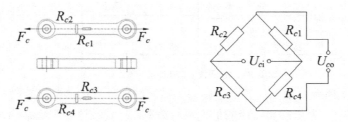

图2.13　连杆传感器贴片与桥路连接

由 $R_{c1} \sim R_{c4}$ 组成的全桥电路就可以测出连杆力 F_c 的大小，电桥桥路输出电压与应变片微应变之间的关系原理与侧向力测试原理相同，即连杆力 F_c 与电桥输出电压 U_{co} 之间的关系如式(2.39)所示。

$$U_{co} = \frac{(1+\mu)K_0 U_{ci}}{2E\pi} \cdot \frac{1}{L_5 L_6} \cdot F_c \qquad (2.39)$$

式中，L_5 和 L_6 分别为连杆贴片处的矩形截面长与宽。

由式(2.35)、式(2.38)和式(2.39)可知，选定合理的传感器制作材料及结构尺寸后，通过电桥输出电压即可获得铲斗与动臂以及铲斗与连杆的铰点载荷。

2.3　传感器设计与载荷测试系统构建

2.3.1　传感器设计与试验标定

根据 2.1 节中工作装置铲装作业阻力分析结果，当最大插入阻力和最大掘起阻力同时出现时，并以其合力的 2 倍作用于铲斗与动臂单侧铰点销轴为极限,ZL50G 型和 LW900K 型装载机单侧铰点销轴载荷极限值取整后分别为 500 kN 和 900 kN,将该极限值作为单侧销轴传感器进行贴片位置尺寸的计算和结构尺寸设计的最大载荷量程。按照销轴力传感器测试原理可得销轴传感器径向力测试段结构,如图 2.14 所示。

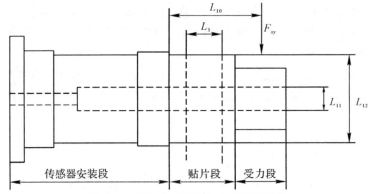

图 2.14　销轴传感器径向力测试段结构

如上图所示,销轴传感器径向力测试轴结构分为传感器安装段、贴片段和受力段。F_{xy} 为传感器设计的最大量程载荷,将其设计为空心结构,内孔直径为 L_{11},外圆柱直径为 L_{12}。按照销轴径向力分量的差动测试电桥两个截面上应变片输出 750 个微应变,即两个贴片截面的应力差值取 150 MPa 来确定尺寸 L_3。最大量程载荷 F_{xy} 与贴片段最左侧弯曲正应力以及差动电桥产生应力差的关系分别如式(2.40)和式(2.41)所示。

$$\sigma_{max} = \frac{32L_{12}L_{10}}{\pi\left(L_{12}^4 - L_{11}^4\right)}F_{xy} \tag{2.40}$$

$$\Delta\sigma = \frac{32L_{12}}{\pi\left(L_{12}^4 - L_{11}^4\right)}L_3F_{xy} \tag{2.41}$$

选择调质处理后的 40Cr 作为销轴传感器材料,其屈服极限为 800 MPa。根据两种型号装载机铰孔与铲斗的尺寸,选择 L_{10}、L_{11}、L_{12} 的初值以及由式(2.40)和式(2.41)得到 L_3 和弯曲正应力最大值结果如表 2.7 所示。

表 2.7　销轴传感器径向力测试段结构参数

型号	L_{10}/mm	L_{11}/mm	L_{12}/mm	$\Delta\sigma$/MPa	L_3/mm	σ_{max}/MPa	安全系数
ZL50G	75	10	90	150	43	520	1.54
LW900K	155	40	155	150	60	380	2.11

　　采用空心结构形式对侧向力测试的测力轴轴径进行选择性设计，外径取 24 mm，内径取 16 mm，材料仍为调制处理的 40Cr，按照同样的方法以 50 kN 的测试量程进行强度校核，所得安全系数为 5，所设计的传感器在标定后用于两种型号装载机工作装置的侧向力测试中。设计的三维销轴力传感器实物如图 2.15 所示。

(a)　径向力测试段　　　　　　　　(b)　侧向力测试段

图 2.15　三维销轴力传感器实物图

　　连杆力测试传感器只需要选择截面粘贴应变片搭建测试桥路即可。自行设计的传感器在试验测试前需要进行试验标定，用液压及机械加载方式施加外力，对设计的三维销轴力传感器和连杆力传感器进行试验标定，如图 2.16 所示。

(a)　三维销轴力传感器标定

(b)　连杆力传感器标定

图 2.16　传感器标定试验

对传感器施加由小到大的外载荷，测量传感器输出的电压值，获得测试电桥输出电压与施加外力大小的对应值。为提高静态标定试验结果精度，按照装载机作业过程中结构受力变化规律，试验标定外载荷由最小加载至最大后卸载，待压力机读数和电压信号采集仪数据稳定后再记录电压数据，多次重复标定并取平均值。以试验样机行驶方向为准，动臂与铲斗左侧铰接点处销轴定义为 A_l、右侧销轴为 A_r。销轴径向力传感器测力方向与铲斗局部坐标系 x_0、y_0 方向一致，分别沿 x_0、y_0 正方向和负方向施加阶梯外载荷，连杆传感器施加拉压阶梯载荷，侧向力传感器只施加压载荷。两种型号装载机销轴径向力和连杆力传感器的标定数据分别如表 2.8 和表 2.9 所示。

表 2.8　ZL50G 型销轴径向力传感器和连杆传感器标定数据

正向加力/kN	径向力桥路电压/V				连杆桥路电压/V	反向加力/kN	径向力桥路电压/V				连杆桥路电压/V
	A_{lx0}	A_{ly0}	A_{rx0}	A_{ry0}			A_{lx0}	A_{ly0}	A_{rx0}	A_{ry0}	
49	0.3528	0.3607	0.3719	0.3793	−0.4138	−49	−0.2924	−0.2997	−0.3129	−0.3187	0.4619
98	0.6753	0.6909	0.7144	0.7283	−0.8517	−98	−0.6149	−0.6299	−0.6553	−0.6677	0.8998
147	0.9979	1.0211	1.0568	1.0773	−1.2896	−147	−0.9376	−0.9601	−0.9977	−1.0167	1.3377
196	1.3205	1.3512	1.3992	1.4263	−1.7275	−196	−1.2602	−1.2903	−1.3402	−1.3658	1.7765
245	1.6431	1.6814	1.7416	1.7753	−2.1654	−245	−1.5827	−1.6205	−1.6826	−1.7147	2.2135
294	1.9657	2.0116	2.0839	2.1243	−2.6033	−294	−1.9053	−1.9506	−2.0251	−2.0637	2.6518
343	2.2882	2.3418	2.4264	2.4733	−3.0412	−343	−2.2279	−2.2808	−2.3674	−2.4127	3.0893

表 2.9　LW900K 型销轴径向力传感器和连杆传感器标定数据

正向加力/kN	径向力桥路电压/V				连杆桥路电压/V	反向加力/kN	径向力桥路电压/V				连杆桥路电压/V
	A_{lx0}	A_{ly0}	A_{rx0}	A_{ry0}			A_{lx0}	A_{ly0}	A_{rx0}	A_{ry0}	
49	0.3428	0.3819	0.3949	0.4288	0.2575	−49	−0.4671	−0.4776	−0.3767	−0.3136	−0.2555
147	1.1527	1.2417	1.1666	1.1712	0.7706	−147	−1.2771	−1.3373	−1.1485	−1.0561	−0.7686
245	1.9626	2.1013	1.9383	1.9136	1.2837	−245	−2.0869	−2.1969	−1.9189	−1.7985	−1.2817
343	2.7725	2.9610	2.7099	2.6561	1.7968	−343	−2.8969	−3.0566	−2.6917	−2.5409	−1.7948
441	3.5824	3.8206	3.4816	3.3985	2.3099	−441	−3.7068	−3.9162	−3.4639	−3.2833	−2.3079
539	4.3924	4.6803	4.2532	4.1409	2.8229	−539	−4.5107	−4.7759	−4.2347	−4.0269	−2.8210
637	5.2023	5.5399	5.0249	4.8833	3.3361	−637	−5.3266	−5.6349	−5.0076	−4.8672	−3.3341

装载机工作装置销轴侧向力的测取，对左右两个销轴侧向力传感器方向分别施加阶梯外载荷，重复标定多次，待读数稳定后记录数据并取平均值，结果如表 2.10 所示。

表 2.10　销轴侧向力传感器标定数据

力/kN	9.8	19.6	29.4	39.2	9.8	19.6	29.4	39.2
左侧电压/V	1.1024	2.1223	3.1427	4.1628	1.1545	2.2141	3.2736	4.3332

对外力与电桥输出电压的标定试验结果均值进行线性拟合，可得销轴径向力传感器、侧向力传感器以及连杆力传感器拟合结果，如图 2.17 所示。

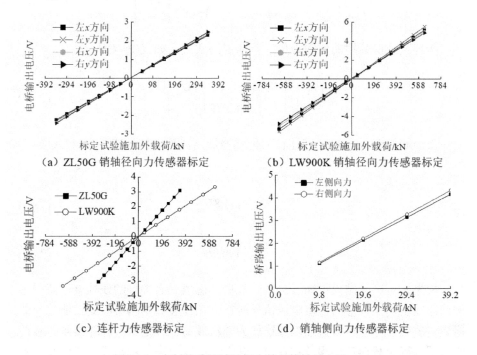

（a）ZL50G 销轴径向力传感器标定　　（b）LW900K 销轴径向力传感器标定

（c）连杆力传感器标定　　（d）销轴侧向力传感器标定

图 2.17　自制传感器试验标定结果线性拟合图

用多次标定结果的平均值进行数据分析，可进一步降低偶然因素对测试结果精度的影响。三维销轴力传感器和连杆传感器所受单方向外力与对应电桥输出电压呈明显的线性变化关系，线性拟合得到 ZL50G 型和 LW900K 型装载机工作装置销轴径向力传感器标定函数关系，分别如式 (2.42) 和式 (2.43) 所示。

$$\begin{bmatrix} F_{\text{lx}05} \\ F_{\text{ly}05} \\ F_{\text{rx}05} \\ F_{\text{ry}05} \end{bmatrix} = \begin{bmatrix} 151.8 & & & \\ & 148.3 & & \\ & & 143.1 & \\ & & & 140.3 \end{bmatrix} \cdot \begin{bmatrix} U_{\text{lx}05} \\ U_{\text{ly}05} \\ U_{\text{rx}05} \\ U_{\text{ry}05} \end{bmatrix} \tag{2.42}$$

$$\begin{bmatrix} F_{\text{lx}09} \\ F_{\text{ly}09} \\ F_{\text{rx}09} \\ F_{\text{ry}09} \end{bmatrix} = \begin{bmatrix} 120.9 & & & \\ & 113.9 & & \\ & & 127.1 & \\ & & & 131.9 \end{bmatrix} \cdot \begin{bmatrix} U_{\text{lx}09} \\ U_{\text{ly}09} \\ U_{\text{rx}09} \\ U_{\text{ry}09} \end{bmatrix} \tag{2.43}$$

两种装载机共用的侧向力传感器标定函数关系如式(2.44)所示。

$$\begin{bmatrix} F_{\text{lz}} \\ F_{\text{rz}} \end{bmatrix} = \begin{bmatrix} 9.354 & \\ & 8.979 \end{bmatrix} \cdot \begin{bmatrix} U_{\text{lz}} \\ U_{\text{rz}} \end{bmatrix} \tag{2.44}$$

ZL50G 型和 LW900K 型连杆力传感器标定函数分别如式(2.45)和式(2.46)所示。

$$F_{\text{C5}} = 111.8 U_{\text{C5}} \tag{2.45}$$

$$F_{\text{C9}} = 190.9 U_{\text{C9}} \tag{2.46}$$

根据标定试验结果可知，自制的载荷传感器具有很好的线性度，获得各传感器输出电压信号后，将电压信号转换为工作装置结构实际受力信号，即得到实测的铲斗与动臂铰点以及连杆的随机载荷。标定函数计算得到的载荷值与试验标定载荷值的误差均在 1%以内，可以用来测量装载机工作装置的待测载荷参数。

2.3.2　传感器安装与测试系统的构建

安装自制销轴传感器需要对铲斗做细小的技术改造，在铲斗耳板左右两侧增加销轴径向力传感器和侧向力传感器的安装框架，改装前后的铲斗结构如图 2.18 所示。

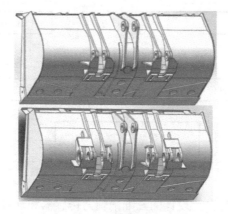

(a) 改装前

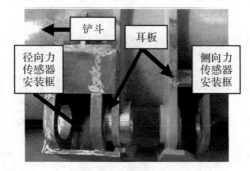

(b) 改装后

图 2.18　工作装置铲斗结构改装

根据载荷测点布置方案选择工作装置载荷测试所用传感器信息如表 2.11 所示。

表 2.11　工作装置载荷测试所用传感器信息

序号	名称	型号	生产厂商	测试参数
1	位移传感器	MPS-XL1500V	米朗科技	动臂、摇臂油缸位移
2	销轴径向力传感器	—	自制	动臂铲斗铰点径向力
3	销轴侧向力传感器	—	自制	动臂铲斗铰点侧向力
4	连杆力传感器	—	自制	连杆与铲斗铰点力
5	电阻应变计	BX120-5AA	浙江黄岩	组建测试桥路

数采设备为德维创 DEWE501 数据采集仪，由数采设备及相应的传感器构成工作装置载荷测试系统如图 2.19 所示。

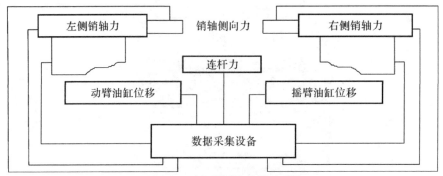

图 2.19　工作装置载荷测试系统

　　将选定的传感器与自行设计的三维销轴力传感器和连杆力传感器安装在工作装置上，搭建 ZL50G 型和 LW900K 型装载机工作装置载荷测试试验系统如图 2.20 所示。

(a) ZL50G 型装载机

(b) LW900K 型装载机

图 2.20　工作装置传感器的安装

在传感器安装中，需要特别注意的是三维销轴力传感器、连杆传感器接头以及数据传输线的保护，防止铲斗在收斗以及举升过程中，高过防护板的散状物料落下，对传感器及数据线造成破坏。三维销轴力传感器防护板的设计如图 2.21 所示。

(a) 防护前

(b) 防护后

图 2.21 工作装置三维销轴传感器安装防护图

2.3.3 载荷测试系统的误差分析

载荷测试系统中，通过标定试验验证了传感器具有很好的线性变化特性，系统误差则可用装载机工作装置不同作业姿态下的已知外力与测量载荷反求外力的误差来表示，从而检验工作装置载荷测试系统的精度。选定铲斗水平掘起、铲斗收斗运输、铲斗举升以及铲斗举升至最高 4 个典型作业姿态，如图 2.22 所示。

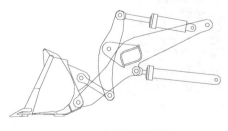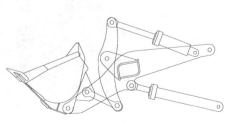

(a) 水平掘起姿态   (b) 收斗运输姿态

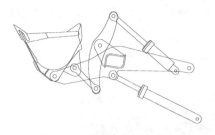

　(c)　举升至动臂水平姿态　　　　　　(d)　举升至铲斗最高姿态

图 2.22　装载机工作装置典型作业姿态图

　　单姿态测试时,在铲斗空置情况下将工作装置举升并收斗至所需姿态,记录空载时三维销轴力传感器和连杆力传感器示数,同时记录动臂油缸和摇臂油缸位移用来确定姿态参数。铲装标准块时,根据记录的油缸位移参数调整工作装置至所需姿态,记录三维销轴力传感器和连杆力传感器示数。ZL50G型装载机分别铲装 3 t 和 5 t 的标准块,LW900K 型装载机分别铲装 5t 和 8t 的标准块。标准块的铲装试验如图 2.23 所示。

(a) ZL50G 型装载机铲装标准块

(b) LW900K 型装载机铲装标准块

图 2.23　装载机标准块的铲装试验

标准块质量左右对称，工作装置在单一平面内做上下或旋转运动，偏载和侧载对装载机工作装置的影响几乎可以忽略不计。采用相同姿态下铲斗空置和铲斗加载标准块两种情况下记录的传感器数值差，来推算标准块的质量，标准块的重心可根据悬挂法来确定，此时重力加速度取 9.8 N/kg。四种典型作业姿态铲装标准重物块试验中，由铲斗与动臂铰点销轴力和连杆力反推的标准重物块质量与标准重物块实际质量的误差如表 2.12 所示。

表 2.12　工作装置载荷测试系统误差计算结果

姿态	动臂位移差/mm		摇臂位移差/mm		标准块实重/t		反算标准块重量/t		相对误差/%	
	ZL50G	LW900K	ZL50G	LW900K	ZL50G	LW900K	ZL50G	LW900K	ZL50G	LW900K
水平掘起	0	0	0	0	3	5	2.9754	4.9609	0.82	0.78
	0	0	0	0	5	8	4.9545	7.9624	0.91	0.47
收斗运输	2	1	1	−3	3	5	2.9811	4.9655	0.63	0.69
	0	1	2	1	5	8	4.9725	7.9256	0.55	0.93
举升水平	−1	−4	1	−2	3	5	2.9874	4.952	0.42	0.96
	4	−2	−1	1	5	8	4.9575	7.9528	0.85	0.59
举升最高	0	0	0	0	3	5	2.9772	4.9545	0.76	0.91
	0	0	0	0	5	8	4.9645	7.9504	0.71	0.62

由上表可知，铲装不同质量的标准重物块试验得到的测试系统误差结果在 1%之内，利用设计的三维销轴力传感器和连杆力传感器搭建的两种型号装载机工作装置载荷测试系统具有较高的测试精度，可以满足载荷测试要求。

2.4　工作装置载荷测试试验研究

2.4.1　装载机作业介质调研分析

装载机实际作业中的工况是随机的，主要表现在物料属性、料堆高度、场地及驾驶员驾驶习惯等方面，需要确定具有一定代表性和可重现的物料作为此次测试试验的典型作业介质。装载机的作业对象主要为散状物料，为了确定装载机载荷谱试验中的工作介质的种类及对应的比例，在国内工程机械制造企业以及实际使用客户中对装载机的典型作业介质进行调研分析。

本次调查的装载机对象主要分为两部分：额定铲装作业重量为 4～7 t 的中型装载机以及 8 t 及以上的大型装载机。本次调研共收回有效调研表 800

份，包括徐工、临工、柳工、厦工和山宇重工等品牌。其中，中型装载机有效问卷 450 份，大型装载机有效问卷 350 份。综合考虑装载机作业介质的多样性，在本次调研中将装载机工作装置作业介质分为松散物料、密实物料和大粒度岩石料，采用抽样误差分析的方法确定各作业介质的时间比重。根据两种试验样机用户使用调研反馈数据，确定了黏土、砂子、小石方和大石方 4 种物料作为 ZL50G 型试验样机的载荷测试典型作业介质，黏土、铁矿粉、小石方和大石方 4 种物料作为 LW900K 型试验样机的载荷测试典型作业介质。试验测试所用的作业介质物料属性如表 2.13 所示。

表 2.13　装载机典型作业介质的物料属性

物料名称	所属类型	适用机型	物料特征	密度/(g/cm³)	粒径/mm
黏土	密实物料	ZL50G/LW900K	质地均匀，粒度小	1426	0.001~0.075
砂子	松散物料	ZL50G	质地疏松，粒度小	1390	0.16~5
铁矿粉	密实物料	LW900K	质地致密，粒度小密度大	2850	0.009~0.85
小石方	密实物料	ZL50G/LW900K	质地均匀，粒度较大	1620	40~80
大石方	大粒度岩石料	ZL50G/LW900K	粒度大且不规则	1780	200~600

对调研问卷结果数据采用用样本均值和抽样平均误差来确定各个作业介质所占时间比重，如表 2.14 所示。

表 2.14　装载机作业介质时间比例样本调研数据结果

物料	统计均值		统计方差		抽样平均误差		圆整后时间比例	
	ZL50G 型	LW900K 型	ZL50G 型	LW900K 型	ZL50G 型	LW900K 型	ZL50G 型	LW900K 型
黏土	0.403	0.202	0.042	0.033	0.011	0.013	0.4	0.2
砂子	0.196	—	0.024	—	0.014	—	0.2	—
小石方	0.202	0.399	0.061	0.058	0.009	0.012	0.2	0.4
大石方	0.199	0.198	0.083	0.032	0.016	0.009	0.2	0.2
铁矿粉	—	0.201	—	0.069	—	0.009	—	0.2

料堆需保证物料均匀，且堆放在平坦的场地内，在铲装试验前对场地进行平整，保证场地地面平整，料堆高度不低于 2 m，典型工况物料如图 2.24 所示。

(a) ZL50G 型装载机

(b) LW900K 型装载机

图 2.24 装载机典型作业介质料堆

2.4.2 测试试验采样频率的确定

采样是将一个时间上连续的信号函数离散为时间上的数值序列,采样频率也称为采样速度或者采样率,定义了每秒从连续信号中提取并组成离散信号的采样个数,采样频率用赫兹(Hz)来表示,采样频率体现了采样时间间隔。较低的采样频率会遗漏信号的某些分量,造成测试失真,并且低采样频率会引起混叠现象,混叠现象是采样频率选择不当而使得采样后的信号频率重叠,此时高于信号原有频率一半的频率成分被重新构建成低于采样频率一半的信号,重建之后的信号则称为原信号的混叠替身。低采样频率引发的混叠现象如图 2.25 所示。

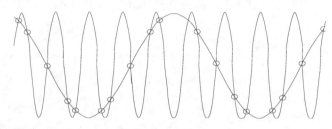

图 2.25　采样信号的混叠现象

一个频率恰好是采样频率一半的信号,通常会混叠成另一相同频率的信号,但其相位和幅度改变了。为了避免混叠现象的发生,香农采样定理确定了模拟信号恢复且不失真的采样频率应不小于模拟信号频谱中最高频率的 2 倍,以此来确定最小采样频率。采样定理给出了最低采样频率和最高信号频率之间的对应关系,确定了在已知信号最高频率的前提下,保证模拟信号完全重构的最低采样频率。采样频率越高,捕捉模拟信号峰值的能力就越强,用离散采样值恢复的波形便越接近原始信号,但是,较高的采样频率将会带来较大的数据量和存储空间,以及对测试系统中转换电路的高转化速度的要求,后续数据处理的工作量也大大增加。

动态数据采集试验中,保证采样中各峰值点被完全记录的可信度大于 95%,最低采样频率 $f \geqslant 10f_{max}$,f_{max} 为原始信号中最高频率成分的频率。对于装载机工作装置铲装作业而言,要确定采样频率 f,就需要通过频谱分析来确定最高频率分量 f_{max}。装载机是一种典型的土方施工机械,其载荷频谱通常在 2 Hz 以下。因此,装载机铲装作业中采用的采样频率为 20 Hz,这样既保证了峰值点的真实测取,又避免了混叠失真和数据量过大的问题。

2.4.3　铲装作业方法与作业路线

1. 铲装作业方法

装载机主要有一次铲装和分段铲装两种作业方法,分别如图 2.26 所示。

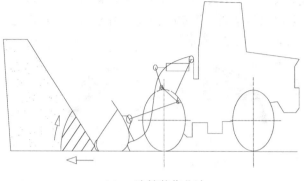

(a) 一次铲装作业法

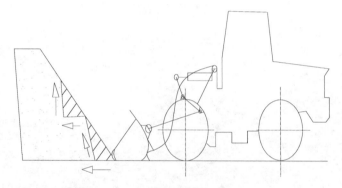

(b) 分段铲装作业法

图 2.26　铲掘物料的作业方法

(1) 一次铲装法中，工作装置处于铲斗低位水平姿态，铲斗斗齿沿物料料堆底部在装载机的行驶驱动下插入物料最深，操作摇臂油缸使物料装满铲斗，适合于密度较小的物料铲装作业，是实际作业过程中普遍使用的一种，但因插入物料较深使得插入阻力和转斗阻力较大。

(2) 分段铲装作业法主要适用于密度较大的散状物料，物料密度大很难实现一次插入物料最深，此时需要插入物料适当深度后提升动臂至一定高度，然后再插入物料一定深度并继续提升动臂。

为了保证试验条件的一致性，以一次铲装作业法为主，兼顾分段铲装作业，以保证铲斗斗内物料充满度。对于铲装作业路线，目前应用较多的是穿梭作业路线和 V 形作业路线。穿梭作业路线中，拉料车在装载机和物料之间，装载机一直处于直线行驶，没有回转，因而无法测到因回转而引起的动臂侧向力。V 形作业路线中，装载机需要回转一个 V 形夹角，因而能测到回转引起的动臂铰点销轴侧向力，但是角度的变化会给试验结果的可重复性造成一定影响。因此，采用双料堆夹角为 90°的 V 形作业路线，在铲运试验场设计了对应的铲运料堆，如图 2.27 所示。

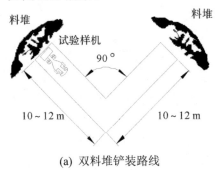

(a) 双料堆铲装路线

(b) 试验场料堆放置

图 2.27　铲装作业路线及料堆放置

2. 铲装作业路线

两个料堆单斗交替铲装、运输和卸料作业，具体的作业程序为：

(1) 将铲斗放平，装载机前进铲掘装料。

(2) 装载机装满物料后，提升动臂，后退到离料堆 12 m~15 m 处。

(3) 装载机转向，行驶到另一个料堆前，举升动臂并转斗卸料。

(4) 卸完物料后，再退回原处，进行下一次铲运。

为保证测试中外部条件尽可能一致，可选择两名有十年以上经验的驾驶员交替驾驶。ZL50G 型和 LW900K 型试验样机在典型物料工况下按照上述测试方法与操作规程的现场试验测试，分别如图 2.28 和图 2.29 所示。

(a) 黏土   (b) 小石方

(c) 砂子   (d) 大石方

图 2.28 ZL50G 型试验样机铲装测试试验

(a) 黏土   (b) 小石方

(c) 铁矿粉   (d) 大石方

图 2.29 LW900K 型试验样机铲装测试试验

综上所述，装载机工作装置的载荷测试主要包括铲装作业阻力分析、测试方案、测试传感器设计与选择、测试系统构建、测试精度分析、典型作业介质、采样频率、铲装作业方式及路线、作业斗数等内容，载荷测试试验方法流程图如图 2.30 所示。

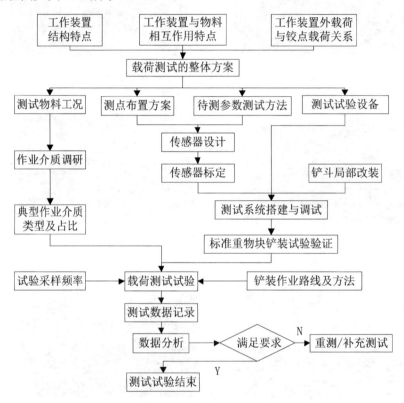

图 2.30　装载机工作装置载荷测试试验方法流程图

第三章　工作装置斗尖载荷识别与应力分析

3.1　实测载荷预处理与特性分析

3.1.1　实测载荷信号的预处理

工作装置各测点的真实载荷时间历程中，将实测数据减去每次测量开始时刻的零点值，并选取最小二乘法对实测载荷信号进行趋势项去除。工作装置实测载荷趋势项消除如图 3.1 所示。

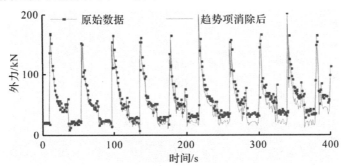

图 3.1　最小二乘法消除实测载荷趋势项

根据工作装置结构受力特点对实测载荷信号采用经验判断的方法去除明显的奇异值，再联合梯度门限法和标准方差法编制 Matlab 程序去除奇异值，如图 3.2 所示。

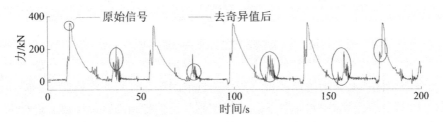

图 3.2　载荷信号奇异值识别与去除结果

结果表明，联合梯度门限法和标准方差法能够较好地去除载荷数据中的奇异值点，因而采用联合梯度门限法和标准方差法对实测载荷数据进行奇异值的识别与去除。

3.1.2　载荷信号频谱与滤波分析

去除趋势项和奇异值后的载荷信号仍包含一些混杂的噪声信号，需要进行滤波降噪处理。在滤波之前通过频谱分析将时域信号变换至频域，采用傅里叶变换分解为若干单一的谐波分量，确定载荷信号的频率成分，获得主要幅度和能量分布的频率值。编制 Maltab 程序计算 ZL50G 型和 LW900K 型装载机各自 4 种作业介质下销轴载荷和连杆载荷的功率频谱。

频谱分析结果表明，各测点载荷能量均集中在 0~2 Hz 范围内，频率超过 2 Hz 以后，功率谱密度值几乎接近于 0，即装载机工作装置的载荷信号为典型的低频信号，因此对实测载荷信号进行 10 Hz 低通滤波，如图 3.3 所示。

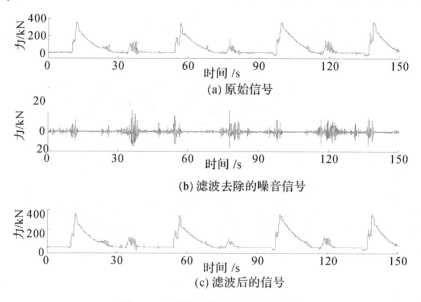

图 3.3　实测载荷信号低通滤波结果

滤波不会改变信号的数据点个数，但是采用较低的截止频率会使载荷的峰值变小，因而必须考虑滤波截止频率的选取对载荷信号的峰值弱化影响。采用 10 Hz 的截止频率对两种试验样机实测载荷信号和油缸位移信号进行低通滤波，在保证载荷峰值信号不变的基础上去除了噪声信号。

3.1.3　多通道载荷信号同步预处理

　　nCode 集成了 TrendRemoval、SpikeDetection、GraphicalEditor 和 ButterworthFilter 4 个模块，可以实现同时间序列下的多通道数据趋势项去除、奇异值识别与剔除以及低通数字滤波的同步处理，流程如图 3.4 所示。

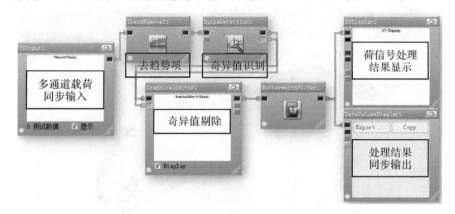

图 3.4　多通道载荷信号同步预处理流程图

　　利用多通道载荷信号同步预处理流程可实现两种试验样机典型作业介质下载荷测试所得的销轴力、连杆力以及油缸位移等信号的趋势项去除、奇异值识别与剔除以及滤波降噪。信号处理剔除了载荷异常值，保证了后续载荷分析及载荷应用结果的准确性和可靠性。分析两种试验样机的实测销轴载荷和连杆载荷时间历程表明，ZL50G 型和 LW900K 型装载机铲斗三个铰接点处载荷变化与铲装作业周期保持一致，呈现出明显的周期性变化，在不同属性的作业介质以及相同作业介质下不同作业周期之间又呈现出明显的差异。作业介质的非匀质性和满斗的随机性，使得载荷数据中包含一定的随机分量，即使规定了铲装作业方法以及作业路径，也无法保证载荷数据具有完全相同的周期性。

3.1.4　实测载荷分段及其特性分析

1. 铲装作业分段

　　铲装作业过程中周而复始的作业循环使得被测载荷参数呈现明显周期变化，但是装载机作业环境恶劣多变，工作装置承受的载荷波动较为剧烈，并且不同作业介质的密度、黏性差异较大，使得工作装置不同作业进程的载荷也呈现出明显的差异特性。测试试验中选用夹角为 90° 的 V 形循环作业路线，工作装置中铲斗处于水平低位的铲掘姿态；在装载机牵引力的作用下，插入作业介质料堆最深；摇臂油缸作用，使物料充满铲斗，略微抬起动臂，铲斗处于收斗运输姿态；装载机后退并转向 90° 后前进，前进过程中举升铲斗至卸料高度；装载机前进至卸料位置，摇臂油缸作用，物料从铲斗内滑落，动臂下降并收斗至水平低位的铲掘姿态；装载机后退并转向 90° 开始新的铲装作业周期。

一个完整的铲装作业过程可以按照油缸位移变化分为空载行进、物料铲装、满载运输和物料卸载 4 个作业段，如图 3.5 所示。

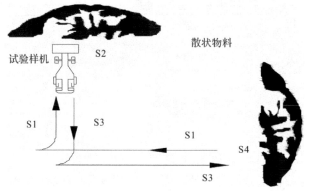

S1—空载行进；S2—物料铲装；S3—满载运输；S4—物料卸载

图 3.5　工作装置作业周期分段

连续铲装作业中，一个作业段的结束即为下一作业段的开始，根据油缸位移变化确定载荷时间历程分段的判别准则。空载行进 S1 段：铲斗低位水平姿态且摇臂油缸开始伸长时刻；物料铲装 S2 段：摇臂油缸伸至最长且动臂油缸伸长一小段结束的时刻；满载运输 S3 段：动臂油缸低位开始举升的时刻；物料卸载 S4 段：动臂油缸高位开始收缩至最短地时刻。通过摇臂油缸和动臂油缸位移的变化，可以准确地将工作装置一个作业循环周期分为空载行进 S1 段、物料铲装 S2 段、满载运输 S3 段和物料卸载 S4 段共 4 个作业段，动臂与铲斗两个铰接点处的销轴三个方向的力以及连杆力，在每个作业段均呈现出典型的周期性变化规律。

2. 分段特性分析

按照装载机作业过程对工作装置实测载荷进行分段特性分析：

(1) 空载行进段：铲斗处于低位水平姿态，铲斗与动臂左右两侧销轴三个相对应方向上的载荷大小相同，销轴载荷和连杆载荷数值基本为 0 且无明显波动。

(2) 物料铲装段：销轴上三个方向的力逐渐增大，销轴 x 方向力的峰值

延后于 y 方向峰值，这与实际铲装操作过程中铲斗掘起物料时刻迟于插入物料时刻是相吻合的，三个方向上的销轴力以及连杆力均出现峰值载荷。

(3) 满载运输段：摇臂油缸长度保持不变，载荷以动臂油缸举升时刻为分界，动臂举升前销轴 x 和 y 方向的载荷以及连杆载荷均值为某一个定值，载荷在该均值线附近上下波动，动臂举升后销轴 x 和 y 方向的载荷以及连杆载荷逐渐减小；销轴 z 方向的载荷在动臂举升前后时刻出现较为明显的波动，是因为受到重载运输过程中路面颠簸以及装载机作业回转时斗内物料惯性的影响。

(4) 物料卸载段：装载机在行进间到达卸料位置踩刹车的同时回缩摇臂油缸，完成卸料并快速后退，由于铲斗内物料与铲斗底板的相互作用，在销轴三个方向的力以及连杆力出现一个较为明显的峰值波动，在黏性较大的铁矿粉和黏土物料工况中，卸载时的载荷峰值更为明显。

销轴 x 与 y 方向力的正负与铲斗局部坐标系定义的正方向有关，三维销轴力传感器固定在铲斗上，在作业过程中铲斗局部坐标系和销轴传感器随铲斗姿态的改变而相对地面旋转。在物料铲装作业段，动臂推动铲斗插入物料的过程中，动臂与铲斗铰接点处销轴受到动臂的作用力在 y 方向的分力方向为正，随着插入料堆深度的增加，插入阻力不断增大，y 方向的分力也不断增大，在铲斗即将掘起物料时，y 方向分力达到最大值。x 方向的分力从掘起物料时刻开始增大，当摇臂油缸长度达到最大值时，x 方向分力达到最大值，结合 2.1.2 节中的分析结果可知，在该时间段内，铲斗主要克服物料之间的剪切阻力。对工作装置实测侧向载荷分析可以发现，侧向力主要出现在铲装物料、卸载物料以及装载机重载运输过程中的回转段。对比分析相同作业周期内动臂与铲斗左右两侧销轴径向力分量，在物料铲装、重载运输以及卸载作业段内两侧销轴在 x 和 y 方向的受力会出现一定的差异，即在铲斗插入物料、掘起物料以及运输卸载物料过程中，由于散状物料堆厚度、高度以及铲斗内物料左右两侧的载荷不均匀造成动臂与铲斗两个铰点处销轴受力出现差异，表明工作装置在作业过程中会受到偏向载荷的作用，偏载现象具有明显的随机性，并非每一个铲装作业周期都会出现偏载，并且载荷的偏置方向也具有明显的随机性。因此，在装载机工作装置载荷谱编制和寿命预测中，必须定量分析装载机作业过程中侧载和偏载因素的影响，且不能简单地认为工作装置所受偏载会同时偏向某一侧。

通过上述分析可知，设计的销轴传感器和连杆传感器测得的载荷时间历程与装载机作业过程一一对应，且呈现出明显的分段载荷特性，从结果分析上进一步验证了本书提出的销轴载荷测试方法的可行性。两种机型工作装置实测载荷分析结果表明：工作装置铰点载荷变化规律与装载机作业姿态、物料属性以及铲斗内物料均布程度相关，同一物料下，装载机作业姿态呈现周期性变化规律，物料在铲斗内的均布情况呈现一定随机性，使得实测载荷数据既包含周期性分量又包含随机性分量；装载机在周期性铲装作业循环过程中，载荷呈现明显的分段特点，不同作业段的载荷值和变化规律差异明显。

3.2　惯性力对载荷测试的影响分析

3.2.1　工作装置刚柔耦合模型的建立

　　试验实测的载荷时间历程包括了工作装置结构自身重力、物料作用于工作装置上的外阻力以及铲装作业过程中的惯性力等因素，工作装置的疲劳台架试验是在固定姿态下进行载荷谱的施加，台架试验则无法模拟工作装置构件运动引起的惯性力变化，因此需要明确运动过程中各构件惯性力的变化规律及大小。

　　装载机在铲装物料和卸载物料阶段，铲斗回转、动臂举升等动作，使工作装置产生一定的加速度，由此产生的惯性力对装载机工作装置的影响可以根据实测油缸位移与装载机工作装置的动力学分析来确定。视动臂、摇臂和连杆为柔性体，油缸、铲斗以及车架为刚性体，将工作装置动臂、摇臂和连杆结构三维模型导入 Hypermesh 中，定义材料属性生成动态应力仿真分析所需的模态中性文件。在 ADAMS 中用对应的模态中性文件替换刚性体，并赋以各铰接点为旋转副、油缸为滑移副、车架为固定副。对工作装置刚柔耦合仿真模型进行检验，13 个旋转副、2 个滑移副和 1 个固定副，不存在冗余约束。包含多柔体的装载机工作装置刚柔耦合仿真模型如图 3.6 所示。

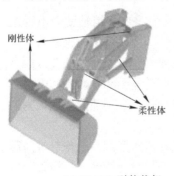
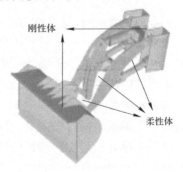

(a) ZL50G 型装载机　　　　　　　　(b) LW900K 型装载机

图 3.6　装载机工作装置刚柔耦合仿真模型

3.2.2　惯性力的变化规律分析

试验测得了工作装置动臂油缸和摇臂油缸的位移，利用 STEP 函数将实测油缸位移变化量作为平移副的驱动，不考虑装载机行驶速度变化，通过刚柔耦合模型模拟 ZL50G 型和 LW900K 型装载机铲装作业过程。

将 ADAMS 中工作装置刚柔耦合模型各构件的质心定义为 Marker 点，平行地面朝铲斗斗外为水平正方向，垂直地面向上为竖直正方向，去掉结构重力和外载荷力的作用，只施加油缸位移驱动，提取铲斗和动臂质心在水平和竖直方向的速度和加速度变化曲线，分别如图 3.7 和图 3.8 所示。(注：由于图形为彩色，黑白印制不易区分，故将本书中诸如此类图放置出版社网站"本书详情"下面，以供读者参阅。)

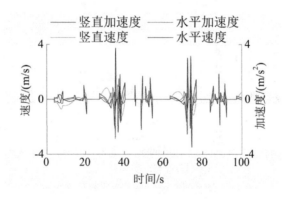

(a)　ZL50G 型装载机

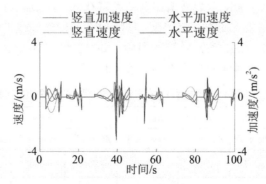

(b)　LW900K 型装载机

图 3.7　铲斗质心速度与加速度变化规律

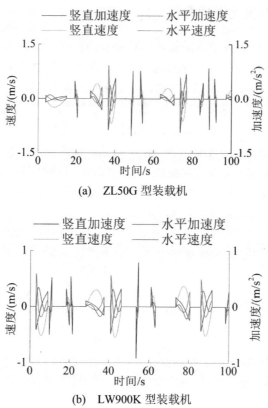

(a)　ZL50G 型装载机

(b)　LW900K 型装载机

图 3.8　动臂质心速度与加速度变化规律

　　两种型号装载机工作装置构件质心速度和加速度的周期性变化的趋势和规律基本相同,LW900K 型装载机铲斗或动臂在水平与竖直方向的速度、加速度均小于 ZL50G 型装载机。ZL50G 型和 LW900K 型装载机的铲斗质量分别为 1260 kg 和 3720 kg,动臂质量分别为 1200 kg 和 1970 kg。铲斗与动臂在水平和竖直方向上的惯性力峰值大小如表 3.1 所示。

表 3.1　铲斗与动臂不同方向上的惯性力峰值结果

方向	铲斗加速度/(m/s²)		动臂加速度/(m/s²)		铲斗惯性力/kN		动臂惯性力/kN	
	ZL50G 型	LW900K 型	ZL50G 型	LW900K 型	ZL50G 型	LW900K 型	ZL50G 型	LW900K 型
竖直	3.6597	2.5217	1.3935	0.7871	4.6112	9.3807	1.6722	1.5506
水平	3.2301	2.0932	0.9196	0.5618	4.0699	7.7867	1.1035	1.1068

同型号装载机铲斗质心处的惯性力要大于动臂质心处的惯性力,这是由

于铲斗受到来自摇臂油缸和动臂油缸位移变化量的双重影响，铲斗产生绕铲斗与动臂铰点转动和绕车架与动臂铰点转动的复合运动。

将速度、加速度分别与油缸位移曲线对比，可知构件质心速度峰值出现在油缸位移增大或减小的行程中部位置，构件质心加速度在图 3.7 和图 3.8 中呈现出尖峰突变的形式，加速度的峰值出现在油缸位移变化的初始阶段。此外，构件质心速度和加速度也呈现出明显的分段特性，在满载举升铲斗和空载下落铲斗阶段，铲斗和动臂质心在竖直方向上的速度都出现抛物线式的变化规律，竖直和水平方向的加速度在满载举升铲斗阶段初期的峰值要明显小于空载下落阶段。铲斗满载时动臂油缸需要克服较大的外阻力进行重物举升，这与动臂油缸在举升物料时的位移曲线倾坡度小于空载下落阶段的位移曲线坡度相吻合。随着装载机额定吨位的增加，构件质量变大，各构件质心的运动速度和加速度均减小，但每个铲装周期内的变化规律保持基本一致。

利用工作装置刚柔耦合模型，在实测油缸位移驱动作用下，铲斗惯性力峰值出现在物料铲装作业段，而动臂惯性力峰值出现在物料卸载后动臂回落作业段，按照两种型号装载机主要构件水平与竖直方向的惯性力峰值出现在同一时刻计算惯性力合力。ZL50G 型和 LW900K 型装载机在铲斗水平铲掘姿态下动臂与铲斗铰点实测载荷合力均值分别约为 220 kN 和 400 kN，两种型号装载机铲斗惯性力合力峰值仅占铰点合力峰值的 2.79% 和 3.05%。ZL50G 和 LW900K 型装载机在卸料姿态下动臂与铲斗铰点实测载荷合力均值分别约为 190 kN 和 370 kN，两种型号装载机动臂惯性力合力峰值仅占铰点合力峰值的 1.05% 和 0.52%。此次试验测试结果中包含了装载机工作装置铲斗结构的惯性力，但对工作装置这种大型构件而言，惯性力所占比重微小，因此在载荷测试以及载荷谱编制、寿命预测中可以不考虑惯性力的影响。

3.3　工作装置斗尖载荷识别与结果分析

3.3.1　工作装置斗尖载荷识别模型

试验测试获得动臂与铲斗铰点力以及连杆力，而装载机所受物料的作用力作用在铲斗上，因此需要将实测载荷转换为工作装置外载荷。在分析装载机作业外载荷时，将其简化为铲斗的斗尖载荷。用隔离法将铲斗隔离出来，铲斗底部水平，定义全局坐标系中平行水平地面朝向铲斗内部为 x 轴正方向，垂直地面向上为 y 轴正方向，同时垂直 x 和 y 方向朝向铲斗右侧为 z 轴正方向。

记动臂与铲斗左侧铰接点 A_1、右侧铰接点 A_2 以及连杆与铲斗铰接点 B 在全局坐标系下 x 和 y 方向的分力分别为 F_{A1x}、F_{A1y}、F_{A2x}、F_{A2y}、F_{Bx}、F_{By}，铰接点 A_1 和 A_2 所受侧向力分别为 F_{A1z} 和 F_{A2z}，如图 3.9 所示。

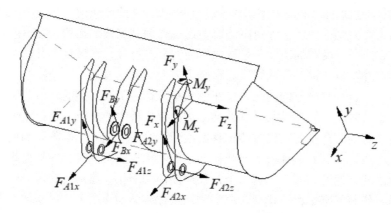

图 3.9　隔离法分析铲斗载荷分布

斗尖外载荷 F_x、M_x、F_y、M_y 和 F_z 作为装载机工作装置所受外载荷。其中，F_x 为工作装置插入物料时所受的水平外载荷；F_y 为工作装置掘起物料阻力所受垂向外载荷；F_z 为工作装置所受侧向外载荷；M_x 和 M_y 为力矩。斗尖载荷与铰点载荷如图 3.10 所示。

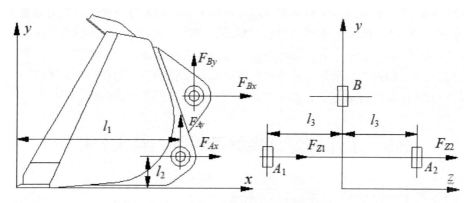

图 3.10　工作装置铲斗斗尖外载荷识别模型

图 3.10 中，l_1、l_2 和 l_3 为铲斗各铰接点到坐标轴的垂直距离，铲装作业过程中，铲斗绕动臂与铲斗的铰接点转动，l_1、l_2 和 l_3 可由结构设计参数直接获得。由理论力学得到工作装置斗尖处外载荷与铰点载荷关系如式 (3.1) 所示。

$$
\begin{cases}
F_{A_1x} + F_{A_2x} + F_{Bx} = F_x \\
F_{A_1y} + F_{A_2y} + F_{By} = F_y \\
F_{z1} + F_{z2} = F_z \\
\left(F_{z1} + F_{z2}\right) \cdot l_2 + \left(F_{A_1y} - F_{A_2y}\right) \cdot l_3 = M_x \\
\left(F_{z1} + F_{z2}\right) \cdot l_1 + \left(F_{A_1x} - F_{A_2x}\right) \cdot l_3 = M_y
\end{cases} \tag{3.1}
$$

式中，M_x 和 M_y 为载荷偏置引起的力矩。

根据铲斗上实测的动臂与铲斗铰点载荷以及连杆载荷，进行模型计算，即可得到工作装置斗尖处的外载荷 F_x、F_y、F_z、M_x 和 M_y。

考虑到载荷加载的实际特性以及装载机工作装置疲劳试验方法行业标准，将测试得到的销轴载荷、连杆载荷转换到中心齿尖上，坐标系选择全局坐标系。在铲装作业过程中，动臂、动臂油缸和摇臂油缸分别与车架的三个铰点相对车架静止，其他铰接点的位置随作业姿态不断地变化，测试试验中建立的铲斗局部坐标系也是随着工作装置作业姿态不断变化的，因而需要根据动臂油缸和摇臂油缸位移变化量将实测的铲斗局部坐标系下载荷转换至全局坐标系下。坐标系之间变换常用的方法是 Denavit 和 Hartenberg 在 1955 年提出 D-H 矩阵，使用矩阵关系来表示相邻部件在运动关系中的相对位置数学表示方法。将实测铲斗局部坐标系下的销轴载荷通过 D-H 矩阵，转换到全局坐标系上，进而得到固定姿态所需的全局坐标系中的销轴载荷。建立工作装置各铰点处坐标系，如图 3.11 所示。

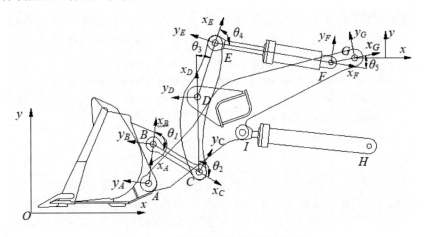

图 3.11　工作装置各铰点局部坐标系

　　图中，xOy 为全局坐标系，$x_A A y_A$ 和 $x_B B y_B$ 为铰点 A 和 B 处与铲斗局部坐标系相重合的铰点局部坐标系，以相邻铰点连线为 x 方向，依次建立铰接点 C、D、E、F、G 的局部坐标系 $x_C C y_C$、$x_D D y_D$、$x_E E y_E$、$x_F F y_F$、$x_G G y_G$，其中坐标系 $x_G G y_G$ 与全局坐标系位置相对固定，称其为机架坐标系。根据 D-H 坐标变换法则，某点在 xOy 和 $x'O'y'$ 坐标系中的坐标分别为 $(x，y)$ 和 $(x'，y')$，坐标系 xOy 到 $x'O'y'$ 的转换为坐标系原点先平移再旋转，转换关系如式(3.2)所示，其中 $\boldsymbol{T}$ 为齐次变换矩阵，如式(3.3)所示。

$$\left(x',y',1\right)^{\mathrm{T}} = \boldsymbol{T} \cdot \left(x,y,1\right)^{\mathrm{T}} \tag{3.2}$$

$$\boldsymbol{T} = \mathrm{Rot}\left(1,\theta\right) \cdot \mathrm{Trans}\left(x'',y''\right) = \begin{bmatrix} \cos\theta & -\sin\theta & 0 \\ \sin\theta & \cos\theta & 0 \\ 0 & 0 & 1 \end{bmatrix} \bullet \begin{bmatrix} 1 & 0 & -x'' \\ 0 & 1 & -y'' \\ 0 & 0 & 1 \end{bmatrix} \tag{3.3}$$

式中，x'' 和 y'' 分别为坐标系 xOy 到 $x'O'y'$ 沿 x' 和 y' 方向的平移距离；

　　θ 为坐标系 xOy 到 $x'O'y'$ 的旋转角，其取值以顺时针旋转为正，逆时针旋转为负。

　　实测的铰点 A 和铰点 B 上铲斗局部坐标系销轴载荷转换到固定姿态的全局坐标系，旋转变换使得铰接点 A 和铰接点 B 处局部坐标系变换至铰接点 G 处的机架坐标系，变换过程中的旋转角分别为 θ_1、θ_2、θ_3、θ_4 和 θ_5，机架坐标系与全局坐标系的旋转角为 θ_6，θ_6 数值为 x_G 方向与 x 方向的夹角。由式(3.2)和式(3.3)得到铲斗局部坐标系 $x_A A y$ 和 $x_B B y_B$ 向全局坐标系 xOy 转换的数学模型，如式(3.4)所示。

$$
\begin{aligned}
\left(x_O,y_O,1\right)^{\mathrm{T}} &= \mathrm{Rot}\left(1,\theta_6\right) \bullet \mathrm{Rot}\left(1,-\theta_5\right) \bullet \mathrm{Rot}\left(1,\theta_4\right) \bullet \mathrm{Rot}\left(1,\theta_3\right) \bullet \mathrm{Rot}\left(1,-\theta_2\right) \bullet \mathrm{Rot}\left(1,\theta_1\right) \bullet \left(x_A,y_A,1\right)^{\mathrm{T}} \\
&= \begin{bmatrix} \cos\theta_6 & -\sin\theta_6 & 0 \\ \sin\theta_6 & \cos\theta_6 & 0 \\ 0 & 0 & 1 \end{bmatrix} \bullet \begin{bmatrix} \cos\theta_5 & \sin\theta_5 & 0 \\ -\sin\theta_5 & \cos\theta_5 & 0 \\ 0 & 0 & 1 \end{bmatrix} \bullet \begin{bmatrix} \cos\theta_4 & -\sin\theta_4 & 0 \\ \sin\theta_4 & \cos\theta_4 & 0 \\ 0 & 0 & 1 \end{bmatrix} \bullet \\
&\quad \begin{bmatrix} \cos\theta_3 & -\sin\theta_3 & 0 \\ \sin\theta_3 & \cos\theta_3 & 0 \\ 0 & 0 & 1 \end{bmatrix} \bullet \begin{bmatrix} \cos\theta_2 & \sin\theta_2 & 0 \\ -\sin\theta_2 & \cos\theta_2 & 0 \\ 0 & 0 & 1 \end{bmatrix} \bullet \begin{bmatrix} \cos\theta_1 & -\sin\theta_1 & 0 \\ \sin\theta_1 & \cos\theta_1 & 0 \\ 0 & 0 & 1 \end{bmatrix} \bullet \left(x_A,y_A,1\right)^{\mathrm{T}}
\end{aligned}
\tag{3.4}
$$

　　求解各旋转角成为铰点 A 和铰点 B 处坐标转换求解的关键，角 θ_3 和 θ_6 是固定值，结合图 3.16 根据正弦和余弦定理对其余 4 个旋转角进行求解。长度 $\overline{AB}$、$\overline{BC}$、$\overline{AD}$、$\overline{CD}$、$\overline{DE}$、$\overline{DG}$、$\overline{FG}$、$\overline{IG}$ 和 $\overline{GH}$ 为各铰接点之间已知的结构设计距离，且均为固定值；$\overline{EF}$ 和 $\overline{IH}$ 分别为摇臂油缸和动臂油缸两端

铰点之间的长度值，均为变量。

角 θ_1 是 $\angle ABC$ 的补角，在 $\triangle ABC$ 中，$\angle ABC$ 的大小可通过公式(3.5)计算得到。

$$\angle ABC = \arccos \frac{\overline{AB}^2 + \overline{BC}^2 - \overline{AC}^2}{2 \cdot \overline{AB} \cdot \overline{BC}} \tag{3.5}$$

式中，$\overline{AC}$ 和 $\angle ABC$ 分别由式(3.6)和式(3.7)求得。

$$\overline{AC} = \sqrt{\overline{AD}^2 + \overline{CD}^2 - 2 \cdot \overline{AD} \cdot \overline{CD} \cdot \cos \angle ADC} \tag{3.6}$$

$$\angle ABC = \angle ADG + \angle EDG - \angle CDE \tag{3.7}$$

式中，$\angle ADG$ 和 $\angle CDE$ 为定值，且 $\angle CDE$ 为 θ_3 的补角，$\angle EDG$ 由公式(3.8)求得。

$$\angle EDG = \angle EDF \pm \angle FDG = \arcsin\left(\frac{\overline{EF}\sin\angle DEF}{\overline{DF}}\right) \pm \arcsin\left(\frac{\overline{FG}\sin\angle DGF}{\overline{DF}}\right) \tag{3.8}$$

式中，$\angle DGF$、$\overline{DF}$ 和 $\angle DEF$ 分别由式(3.9)、式(3.10)和式(3.11)求得。

$$\angle DGF = \pm\left(\angle FGH - \angle DGI - \angle IGH\right) = \pm\left[\angle FGH - \angle DGI - \arccos\left(\frac{\overline{IG}^2 + \overline{GH}^2 - \overline{IH}^2}{2 \cdot \overline{IG} \cdot \overline{GH}}\right)\right] \tag{3.9}$$

$$\overline{DF} = \sqrt{\overline{DG}^2 + \overline{FG}^2 - 2 \cdot \overline{DG} \cdot \overline{FG} \cdot \cos \angle DGF} \tag{3.10}$$

$$\angle DEF = \arccos\left(\frac{\overline{DE}^2 + \overline{EF}^2 - \overline{DF}^2}{2 \cdot \overline{DE} \cdot \overline{EF}}\right) \tag{3.11}$$

摇臂在绕铰接点 D 转动的过程中随动臂做上下运动，此时 $\angle EDG$ 的求解需要分两种情况，这两种情况以铰接点 D、F、G 共线为临界条件。当铰接点 D 位于铰接点 FG 延长线的下方时，式(3.8)中取加号；当铰接点 D 位于铰接点 FG 延长线的上方时，式(3.8)中取减号。同理可知，当铰接点 D 位于铰接点 FG 连线的上方时，式(3.8)和式(3.9)中同取减号，此时由正弦函数与反正弦函数的性质可得式(3.12)。

$$-\arcsin\left(\sin\left(-\angle DGF\right)\right) = \arcsin\left(\sin\left(\angle DGF\right)\right) \tag{3.12}$$

在式(3.8)和式(3.9)同时取加号或同时取减号时，$\angle EDG$ 的计算结果是相同的，计算过程中取 $\angle EDG$ 的绝对值。由式(3.5)～式(3.11)求出 $\angle ABC$ 与摇臂油缸和动臂油缸两端铰点之间的长度 $\overline{EF}$ 和 $\overline{IH}$ 之间的数学关系，即某一铲装姿态下的旋转角 θ_1 可以由该姿态下油缸铰点之间的长度来确定。

坐标系 $x_C C y_C$ 与 $x_D D y_D$ 的旋转角 θ_2 是 $\angle BCD$ 的补角，$\angle BCD$ 由公式(3.13)求得。

$$\angle BCD = \arccos\left(\frac{\overline{AC}^2 + \overline{CD}^2 - \overline{AD}^2}{2 \cdot \overline{AC} \cdot \overline{CD}}\right) - \arccos\left(\frac{\overline{AC}^2 + \overline{BC}^2 - \overline{AB}^2}{2 \cdot \overline{AC} \cdot \overline{BC}}\right) \quad (3.13)$$

公式(3.6)和公式(3.12)得到 $\angle BCD$ 与两个油缸长度 $\overline{EF}$ 和 $\overline{IH}$ 之间的数学关系，即某姿态下旋转角 θ_2 同样由该姿态下的油缸铰点距离来确定。旋转角 θ_4 和 θ_5 分别是 $\angle DEF$ 和 $\angle EFG$ 的补角，$\angle DEF$ 由式(3.11)求解，$\angle EFG$ 如式(3.14)所示。

$$\angle EFG = \arccos\left(\frac{\overline{EF}^2 + \overline{FG}^2 - \overline{DE}^2 - \overline{DG}^2}{2 \cdot \overline{EF} \cdot \overline{FG}} + \frac{\overline{DE} \cdot \overline{DG} \cdot \cos\angle EDG}{\overline{EF} \cdot \overline{FG}}\right) \quad (3.14)$$

由式(3.13)、式(3.7)和式(3.14)可以明确某一姿态下的旋转角 θ_4 和 θ_5 同样由该姿态下摇臂油缸和动臂油缸两端铰点之间的长度 $\overline{EF}$ 和 $\overline{IH}$ 来确定。此时，根据实测的油缸位移铰点距离和结构件设计尺寸可确定旋转角 $\theta_1 \sim \theta_6$ 的具体数值，根据旋转角 θ_1 将连杆力分解到铲斗局部坐标系下铰接点 B 处的铰接点力，再利用公式(3.4)将铲斗局部坐标系下实测的销轴力转换为全局坐标系下的销轴力。该模型适用于反转六连杆机构形式的装载机工作装置铰点载荷变换，利用全局坐标系下铰点载荷和工作装置外载荷识别模型，即可求得全局坐标系下工作装置斗尖处的外载荷。

3.3.2　斗尖载荷识别结果分析

根据斗尖载荷识别中式(3.4)～式(3.14)求解所需的结构参数值，并利用中间变量 $\angle DGF$、$\overline{AC}$、$\angle DEF$、$\angle EDG$、$\overline{DF}$ 得到各典型作业介质下实测载荷当量转换的旋转角随油缸长度的变化关系结果。

由 θ_1 将实测连杆力转换到铲斗铰接点 B 处在 x_B 和 y_B 方向的铰接点力，利用旋转角 $\theta_1 \sim \theta_6$ 将实测的铲斗局部坐标下铰点载荷时间历程变换至全局坐标系下的铰点载荷时间历程，进而得到大石方物料的全局坐标系下斗尖外载荷如图3.12和图3.13所示。

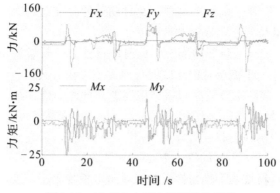

图 3.12　ZL50G 大石方物料斗尖载荷

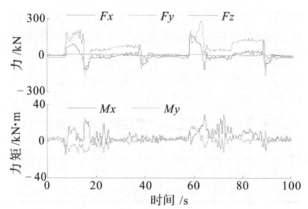

图 3.13　LW900K 型大石方物料斗尖载荷

　　两种型号装载机在典型作业介质下得到的斗尖载荷识别结果具有相近的周期性变化规律，各方向外载荷的大载荷值均出现在铲掘物料和卸载物料的时刻，对应装载机分段作业过程，典型作业介质中斗尖外载荷的峰值均出现在铲装物料和卸载物料作业段，这与装载机实际铲装作业过程中的受力特点相互吻合。装载机在卸料作业中均存在卸料时的冲击载荷，黏性较大的物料卸载时，这种现象更为明显。斗尖外载荷识别结果中正载载荷分量数值相对侧载和偏载最大。侧载分量的值远小于正载分量，若侧载分量峰值载荷对结构应力影响不大时，则可以忽略侧向载荷对工作装置载荷谱以及寿命预测的影响。偏载载荷峰值则主要出现在铲斗插入物料或铲装物料阶段，铲斗底板受力不均或者斗内物料质心偏置使工作装置左右受力不均是偏载载荷产生的主因。

　　由正载、侧载和偏载峰值载荷对应的油缸实测位移，确定工作装置斗尖外载荷识别结果出现峰值载荷时的三个作业姿态。

(1) 姿态一：铲斗低位水平姿态，此时动臂油缸和摇臂油缸位移伸长量最小，铲斗处于低位且铲斗底板与地面水平。

(2) 姿态二：铲斗低位收斗姿态，此时动臂油缸伸长量最小，摇臂油缸伸长量最大，铲斗处于低位且铲斗底板与地面的夹角最大。

(3) 姿态三：铲斗举升最高卸料结束姿态，此时动臂油缸伸长量最大，摇臂油缸伸长量最小，铲斗处于最高位。

三种姿态下均出现正载载荷分量 F_x 和 F_y 的峰值，只是对应姿态的峰值大小不同；侧载载荷分量 F_z 的峰值主要出现在姿态一和姿态三中，姿态一中的侧载是由于物料料堆的不均匀性引起铲斗两侧板受力不一致，姿态三中的侧载是由于铲斗斗内物料下落时的流动性使铲斗左右两侧板受力不同。偏载载荷分量 M_x 和 M_y 的峰值主要出现在姿态一中，姿态一中的偏载是由于铲斗插入和掘起物料时刻料堆物料不均匀性引起的铲斗底板左右两侧水平和垂向受力不一致；在其他两种姿态下，由于铲斗斗内物料质心的左右偏移，使得工作装置左右两侧受力出现一定的差异。在不同姿态下的斗尖载荷分量的峰值载荷结果如表 3.2 所示。

表 3.2　不同姿态下的工作装置斗尖载荷分量的峰值

作业姿态	装载机型号	正载分量		偏载分量		侧载分量
		F_x/kN	F_y/kN	M_x/(kN·m)	M_y/(kN·m)	F_z/kN
姿态一	ZL50G	63.4	91.54	24.9	21.5	7.4
	LW900K	167.7	190.5	35.3	34.7	19.6
姿态二	ZL50G	−49.9	−153.2	17.4	19.9	—
	LW900K	−168.1	−278.2	16.3	18.5	—
姿态三	ZL50G	−87.9	−151.7	17.3	14.8	6.2
	LW900K	−121.6	−135.1	22.1	27.3	13.9

3.4　斗尖载荷作用下的结构应力分析

3.4.1　工作装置有限元模型的建立

斗尖载荷识别的载荷分量施加方式不同，不能单纯地依据载荷数值大小进行定性分析，需要根据不同类型分量载荷峰值的大小及其出现时工作装置的对应姿态，研究其对结构应力分布的影响。采用有限元法计算工作装置结构应力,用 bar2 单元来模拟油缸和连杆,用 Gap 单元模拟销轴和销轴孔接触,Gap 单元模拟销轴连接可以避免耦合自由度法中耦合节点因素的影响。将两种型号装载机三种姿态下的工作装置三维模型导入 hyperworks 中建立不同姿态下的有限元模型,如图 3.14 和图 3.15 所示。

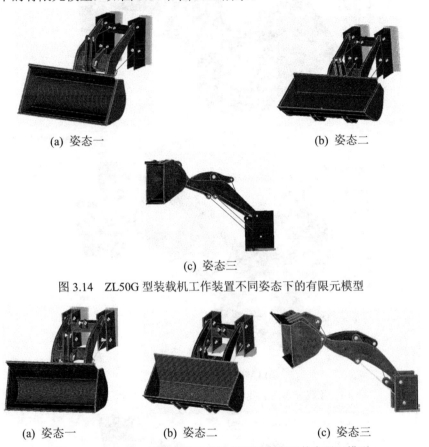

(a) 姿态一　　　　　　　　　　　　　　　(b) 姿态二

(c) 姿态三

图 3.14　ZL50G 型装载机工作装置不同姿态下的有限元模型

(a) 姿态一　　　　　　(b) 姿态二　　　　　　(c) 姿态三

图 3.15　LW900K 型装载机工作装置不同姿态下的有限元模型

3.4.2　正载载荷作用下结构应力分布

由表 3.2 中 F_x 和 F_y 在不同姿态下的力值,得到 ZL50G 型和 LW900K 型装载机工作装置在正载载荷分量作用下结构应力(单位 MPa)分布结果,如图 3.16~图 3.18 所示。

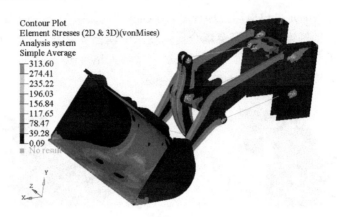

(a) ZL50G 型装载机

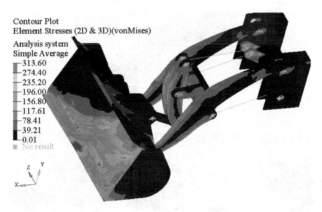

(b) LW900K 型装载机

图 3.16　正载分量下装载机工作装置姿态一有限元应力云图

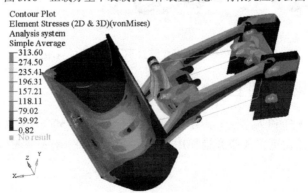

(a) ZL50G 型装载机

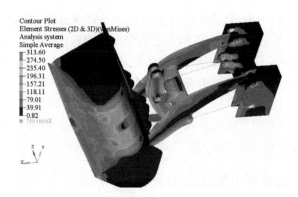

(b) LW900K 型装载机

图 3.17　正载分量下装载机工作装置姿态二有限元应力云图

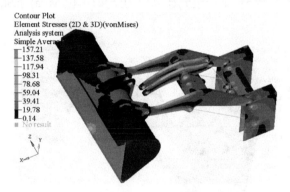

(a) ZL50G 型装载机

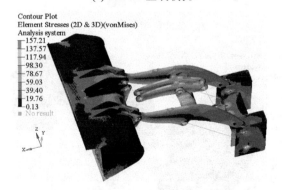

(b) LW900K 型装载机

图 3.18　正载分量下装载机工作装置姿态三有限元应力云图

正载有限元结果表明，忽略施加集中载荷引起的加载点处的应力集中，工作装置结构应力以摇臂三个铰点中心所在的面呈现左右对称分布的规律。

水平插入物料(姿态一)时，结构大应力区域位于动臂板前段；掘起物料收斗(姿态二)时，工作装置上结构应力整体大于水平插入物料(姿态二)时；高位举升卸载物料姿态(姿态三)下的结构应力整体上是最小的。大应力范围主要分布在摇臂上段前部、动臂板前段中部、动臂与车架铰接点销轴套筒处、动臂横梁与动臂板连接处以及动臂横梁与摇臂支撑板连接处。通过正载载荷峰值出现的三种典型姿态下的有限元分析，确定了装载机工作装置结构大应力区域，为后文分析确定疲劳寿命预测关注点提供了关键依据。

3.4.3　侧载载荷作用下结构应力分布

在铲斗中心斗齿处施加表 3.2 中侧向载荷峰值，ZL50G 型和 LW900K 型装载机工作装置侧载分量下有限元计算应力结果(单位 MPa)分别如图 3.19 和图 3.20 所示。

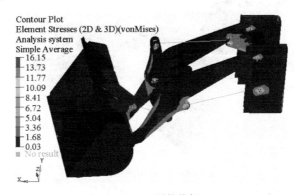

(a) ZL50G 型装载机

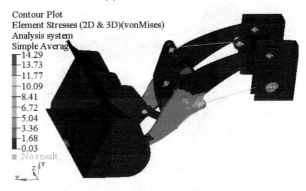

(b) LW900K 型装载机

图 3.19　侧载分量下装载机工作装置姿态一有限元应力云图

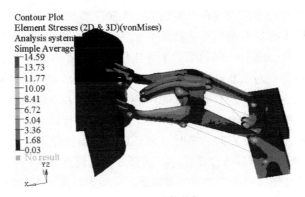

(a) ZL50G 型装载机

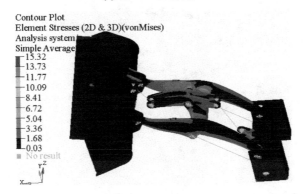

(b) LW900K 型装载机

图 3.20　侧载分量下装载机工作装置姿态三有限元应力云图

　　在侧载分量峰值载荷作用下，姿态一时，ZL50G 型和 LW900K 型装载机工作装置结构上的最大应力分别为 16.15 MPa 和 13.52 MPa，且均出现在动臂油缸铰孔附近处，动臂板前段为大应力区域，应力值在 1.68 MPa～5.04 MPa 范围内；姿态三时，ZL50G 型和 LW900K 型装载机工作装置结构最大应力分别为 14.59 MPa 和 15.32 MPa，且均出现在动臂板前段中部位置，动臂板前段仍为大应力区域，应力值在 3.36 MPa～10.09 MPa 范围内。卸料姿态下偏载对结构应力的影响要大于铲掘姿态，与相同姿态下正载作用下的结构应力相比，工作装置所受侧向载荷的影响很小，可以不考虑侧向载荷对工作装置的影响。

3.4.4　偏载载荷作用下结构应力分布

　　在斗尖载荷识别模型结果中，偏载载荷分量以偏载力矩的形式表示，水平和竖直两个方向的偏载出现在不同时刻。ZL50G 型和 LW900K 型装载机工作装置铲斗对称中心左右两侧斗齿间距分别为 0.42 m 和 0.48 m，将载荷偏置中心定义在铲斗中心偏向一侧的第一个斗齿位置处，在 x 和 y 方向分别施加相同的外力，姿态一为 120 kN 和 180 kN，姿态二为 95 kN 和 130 kN，姿态三为 90 kN 和 130 kN，即有限元计算所施加的偏载力矩值不小于表 3.2 中 M_x 和 M_y 对应的峰值。在偏距位置处施加 x 方向的力时记为水平方向偏载分量，在偏距位置处施加 y 方向的力时记为竖直方向偏载分量。

在动臂和摇臂结构的大应力范围内，选择 6 个位置点作为偏载载荷分量对工作装置左右应力分布对称性影响的参考点，参考点位置分布如图 3.21 所示。

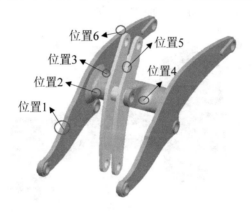

图 3.21　工作装置左右对称位置应力提取点

提取动臂和摇臂上参考点左右对称位置处的应力并计算差值，结果如表 3.3 所示。

表 3.3　偏载载荷分量下工作装置关键结构对称位置处应力结果

偏载分量	位置	姿态一应力/MPa			姿态二应力/MPa			姿态三应力/MPa		
		偏载侧	非偏载侧	差值	偏载侧	非偏载侧	差值	偏载侧	非偏载侧	差值
ZL50G 型装载机水平方向偏载载荷	1	51.69	38.75	12.94	8.02	14.80	−6.78	47.40	42.21	5.19
	2	18.91	7.81	11.10	7.03	5.15	1.88	16.23	10.01	6.23
	3	14.77	23.19	−8.42	30.43	27.47	2.96	46.82	58.64	−11.82
	4	18.84	17.34	1.50	41.71	40.14	1.57	73.36	73.83	−0.46
	5	21.34	25.89	−4.55	59.45	62.54	−3.09	120.85	121.45	−0.60
	6	24.82	25.36	−0.54	36.28	36.78	−0.50	79.91	82.77	−2.86

偏载分量	位置	姿态一应力/MPa			姿态二应力/MPa			姿态三应力/MPa		
		偏载侧	非偏载侧	差值	偏载侧	非偏载侧	差值	偏载侧	非偏载侧	差值
ZL50G 型装载机竖直方向偏载载荷	1	128.52	122.37	6.15	110.82	98.61	12.21	83.42	73.95	9.47
	2	45.96	31.94	14.02	17.20	13.52	3.68	16.34	13.89	2.44
	3	42.97	56.52	−13.55	78.55	84.07	−5.52	57.32	67.84	−10.53
	4	81.73	78.84	2.89	95.86	97.10	−1.24	93.86	90.46	3.40
	5	109.96	115.76	−5.80	139.74	141.05	−1.31	137.78	131.61	6.17
	6	73.14	82.29	−9.15	97.89	107.51	−9.62	84.27	97.95	−13.68
LW900K 型装载机水平方向偏载载荷	1	47.41	33.96	13.45	4.43	12.71	−8.28	35.58	41.78	−6.20
	2	18.67	4.94	13.73	21.85	28.69	−6.84	35.03	37.86	−2.83
	3	4.71	15.40	−10.69	32.98	21.33	11.65	70.67	55.60	15.06
	4	20.13	12.57	7.56	69.73	65.05	4.68	83.00	85.89	−2.89
	5	10.45	13.25	−2.80	56.98	54.36	2.62	142.37	141.62	0.76
	6	27.19	27.72	−0.53	34.35	30.23	4.12	93.37	83.88	9.48
LW900K 型装载机竖直方向偏载载荷	1	122.68	113.14	9.54	100.18	89.73	10.45	91.34	78.17	13.17
	2	78.42	65.57	12.85	32.47	31.26	1.21	91.83	77.18	14.65
	3	41.10	54.66	−13.56	84.35	74.46	9.89	88.74	99.93	−11.19
	4	103.62	94.96	8.66	178.45	167.97	10.48	132.63	127.97	4.66
	5	48.21	59.83	−11.62	146.99	146.51	0.48	200.05	198.66	1.39
	6	130.97	135.23	−4.26	37.14	50.59	−13.45	86.25	96.41	−10.16

　　试验用装载机工作装置在三种姿态下的偏载分量结构应力差值结果如图 3.22 所示。

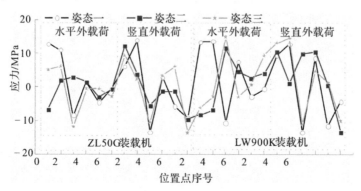

图 3.22　三种姿态偏载分量作用下结构应力差值

　　偏载载荷作用下左右两侧动臂板的应力分布出现差异，偏载一侧的动臂板前段应力大于非偏载侧，后段应力则小于非偏载侧，动臂结构呈现出受扭的趋势。当姿态和偏载力矩相同时，水平方向偏载对结构应力的影响要小于竖直方向，竖直方向的载荷对动臂板前段和后段的结构应力都有影响。

　　上述分析结果表明，试验实测偏载载荷分量作用下结构上对称点处的应力最大差值在 16 MPa 以内，偏载载荷对横梁、摇臂等部位应力大小的影响很小，大应力差值主要出现在动臂板上。因此，利用实测载荷数据进行载荷谱编制时，可以不考虑偏载载荷的作用，在载荷谱损伤校验时，可对正载载荷谱的损伤进行校验修正，确保正载载荷谱损伤值不低于结构疲劳关注点的实际损伤值。

第四章 基于弯矩等效工作装置 载荷谱的编制

4.1 变姿态下工作装置铰点位置坐标

4.1.1 工作装置铰点位置坐标的表示

基于弯矩等效工作装置载荷谱编制的关键是动臂结构上弯矩的计算。在弯矩计算前需要确定动臂局部坐标系下结构铰点处的载荷时间历程，而铲斗局部坐标系与动臂局部坐标系都是随工作装置姿态不断变化的，将实测的铲斗局部坐标下铲斗铰点载荷转换为动臂局部坐标系下动臂铰点载荷是一个相对复杂的过程。工作装置各铰接点位置的变化与动臂油缸和摇臂油缸的长度变化相对应，需要先求得全局坐标系下工作装置各铰点在铲装作业循环周期中的坐标，进而实现工作装置各铰点载荷的求解。装载机工作装置在动臂油缸作用下，各结构绕动臂与车架铰点转动，以动臂与车架铰接点为坐标原点，建立全局坐标系下装载机工作装置铰点坐标表示，如图 4.1 所示。

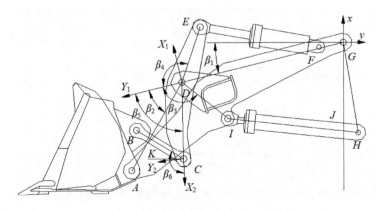

图 4.1 工作装置全局坐标系下铰点坐标表示图

图中，坐标系 xGy 是以铰点 G 为原点的全局坐标系，坐标系 X_1DY_1 是以铰点 D 为原点，且 GD 延长线方向为 X_1 方向的构件局部坐标系，坐标系 X_2CY_2 是以铰点 C 为原点，且 DC 延长线方向为 X_2 方向的构件局部坐标系；点 J 为坐标轴 y 负方向上一点，K 为过铰点 C 与 x 负方向平行的直线上一点；角 β_1 为铰点 DG 连线与坐标轴 x 负方向的夹角；角 β_2、β_3、β_4、β_5 分别为铰点 DA 连线、铰点 DI 连线、铰点 DE 连线和铰点 DC 连线与坐标轴 X_1 正方向的夹角；角 β_6 为铰点 CB 连线与坐标轴 X_2 正方向的夹角。

4.1.2　全局坐标系下铰点位置坐标

以动臂与车架铰点 G 为原点，则摇臂油缸与车架铰点 F 的坐标由铰点 G、F 之间的距离 $\overline{FG}$ 和 $\angle FGJ$ 决定，动臂油缸与车架铰点 H 的坐标由铰点 G、H 之间的距离 $\overline{GH}$ 和 $\angle HGJ$ 决定，铰点 G、F、H 在全局坐标系下的坐标表示如式(4.1)～式(4.2)所示。

$$\begin{cases} x_F = -\overline{FG}\cdot\sin\angle FGJ \\ y_F = -\overline{FG}\cdot\cos\angle FGJ \end{cases} \tag{4.1}$$

$$\begin{cases} x_H = \overline{GH}\cdot\sin\angle HGJ \\ y_H = -\overline{GH}\cdot\cos\angle HGJ \end{cases} \tag{4.2}$$

摇臂与动臂横梁铰点 D 在全局坐标系中的坐标如式(4.3)所示。

$$\begin{cases} x_D = -\overline{DG}\cdot\cos\beta_1 \\ y_D = \overline{DG}\cdot\sin\beta_1 \end{cases} \tag{4.3}$$

式中，β_1 由动臂油缸两铰点距离 $\overline{HI}$ 表示，如式(4.4)所示。

$$\begin{aligned} \beta_1 &= \angle IGH + \angle DGI - \angle HGJ - \frac{\pi}{2} \\ &= \arccos\frac{\overline{GI}^2 + \overline{GH}^2 - \overline{HI}^2}{2\overline{GI}\cdot\overline{GH}} + \angle DGI - \angle HGJ - \frac{\pi}{2} \end{aligned} \tag{4.4}$$

在坐标系 X_1DY_1 中，铲斗、动臂油缸分别与动臂的铰点 A 和 I 的坐标如式(4.5)和式(4.6)所示，坐标平移和旋转得到全局坐标系下坐标，分别如式(4.7)

和式(4.8)所示。

$$\begin{cases} X_{1A} = \overline{AD} \cdot \cos\beta_2 \\ Y_{1A} = -\overline{AD} \cdot \sin\beta_2 \end{cases} \tag{4.5}$$

$$\begin{cases} X_{1I} = \overline{DI} \cdot \cos\beta_3 \\ Y_{1I} = -\overline{DI} \cdot \sin\beta_3 \end{cases} \tag{4.6}$$

$$\begin{cases} x_A = -\overline{AD} \cdot \cos(\beta_2 - \beta_1) - \overline{DG} \cdot \cos\beta_1 \\ y_A = -\overline{AD} \cdot \sin(\beta_2 - \beta_1) + \overline{DG} \cdot \sin\beta_1 \end{cases} \tag{4.7}$$

$$\begin{cases} x_I = -\overline{DI} \cdot \cos(\beta_3 - \beta_1) - \overline{DG} \cdot \cos\beta_1 \\ y_I = -\overline{DI} \cdot \sin(\beta_3 - \beta_1) + \overline{DG} \cdot \sin\beta_1 \end{cases} \tag{4.8}$$

同理，在坐标系 X_1DY_1 中，摇臂与摇臂油缸铰点 E 点以及摇臂与连杆铰点 C 点的坐标分别如式(4.9)和式(4.10)所示。坐标平移和旋转后的全局坐标系下铰点 E 和铰点 C 的坐标分别如式(4.11)和式(4.12)所示。

$$\begin{cases} X_{1E} = \overline{DE} \cdot \cos\beta_4 \\ Y_{1E} = \overline{DE} \cdot \sin\beta_4 \end{cases} \tag{4.9}$$

$$\begin{cases} X_{1C} = \overline{CD} \cdot \cos\beta_5 \\ Y_{1C} = \overline{CD} \cdot \sin\beta_5 \end{cases} \tag{4.10}$$

$$\begin{cases} x_E = -\overline{DE} \cdot \cos(\beta_4 + \beta_1) - \overline{DG} \cdot \cos\beta_1 \\ y_E = \overline{DE} \cdot \sin(\beta_4 + \beta_1) + \overline{DG} \cdot \sin\beta_1 \end{cases} \tag{4.11}$$

$$\begin{cases} x_C = -\overline{CD} \cdot \cos(\beta_5 - \beta_1) - \overline{DG} \cdot \cos\beta_1 \\ y_C = -\overline{CD} \cdot \sin(\beta_5 - \beta_1) + \overline{DG} \cdot \sin\beta_1 \end{cases} \tag{4.12}$$

式中，β_4 和 β_5 如式(4.13)所示。

$$\begin{cases} \beta_4 = \pi - \angle EDF + \angle FDG \\ \beta_5 = 2\pi - \beta_4 - \angle CDE \end{cases} \tag{4.13}$$

式中，$\angle EDF$ 和 $\angle FDG$ 如式(4.14)所示。

$$\begin{cases} \angle EDF = \arccos \dfrac{\overline{DE}^2 + \overline{DF}^2 - \overline{EF}^2}{2\overline{DE} \cdot \overline{DF}} \\[3mm] \angle FDG = \pm\arccos \dfrac{\overline{DF}^2 + \overline{DG}^2 - \overline{FG}^2}{2\overline{DF} \cdot \overline{DG}} \end{cases} \tag{4.14}$$

式中，当铰点 D 位置在铰点 F、G 连线下方时，$\angle FDG$ 取负值，反之取正值；$\overline{DG}$ 和 $\overline{FG}$ 为结构设计已知参数；$\overline{EF}$ 为摇臂油缸两端铰点之间的距离；$\overline{DF}$ 为铰点 D 和铰点 F 之间的距离，用前文求得的铰点坐标进行计算，如式(4.15)所示。

$$\overline{DF} = \sqrt{\left(x_D - x_F\right)^2 + \left(y_D - y_F\right)^2} \tag{4.15}$$

铰点 B 的坐标在坐标系 X_2CY_2 中表示出来，先旋转平移至坐标系 X_1DY_1 中，再旋转平移可得坐标系 XGY 中铰点 B 坐标表示如式(4.16)，β_6 如式(4.17)所示。

$$\begin{cases} x_B = -\overline{BC} \cdot \cos\left(\beta_6 - \beta_5 + \beta_1\right) - \overline{CD} \cdot \cos\left(\beta_5 - \beta_1\right) - \overline{DG} \cdot \cos\beta_1 \\ y_B = \overline{BC} \cdot \sin\left(\beta_6 - \beta_5 + \beta_1\right) - \overline{CD} \cdot \sin\left(\beta_5 - \beta_1\right) + \overline{DG} \cdot \sin\beta_1 \end{cases} \tag{4.16}$$

$$\begin{aligned} \beta_6 &= \angle ACB + \angle ACK - \beta_1 + \beta_5 \\ &= \arccos \frac{\overline{AC}^2 + \overline{BC}^2 - \overline{AB}^2}{2\overline{AC} \cdot \overline{BC}} + \arctan \frac{y_A - y_C}{x_C - x_A} - \beta_1 + \beta_5 \end{aligned} \tag{4.17}$$

$$\overline{AC} = \sqrt{\left(x_A - x_C\right)^2 + \left(y_A - y_C\right)^2} \tag{4.18}$$

当参数 $\overline{AB}$、$\overline{BC}$、$\overline{AD}$、$\overline{CD}$、$\overline{DE}$、$\overline{DG}$、$\overline{DI}$、$\overline{FG}$、$\overline{IG}$ 和 $\overline{GH}$ 以及角度参数 β_2、β_3、$\angle DGI$、$\angle CDE$、$\angle HGJ$ 和 $\angle FGJ$ 已知时，各铰接点在全局坐标系下的坐标值只与油缸铰点距离 $\overline{EF}$ 和 $\overline{IH}$ 有关。根据两种样机结构参数，求得 ZL50G 型和 LW900K 型装载机循环铲装作业(大石方物料)中铰点坐标结果，分别如图 4.2 和图 4.3 所示。

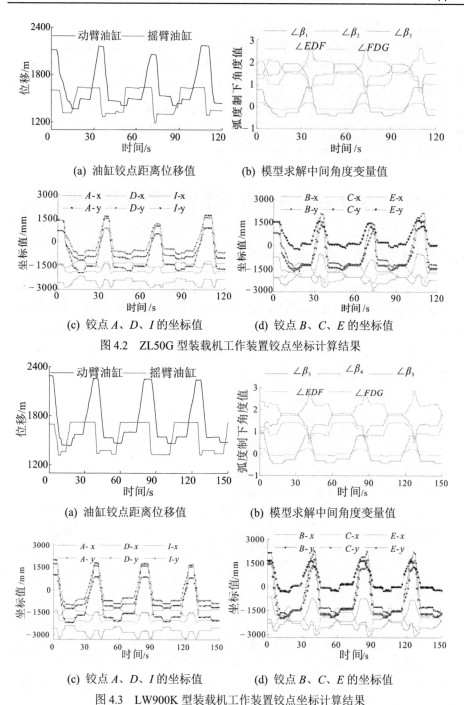

(a) 油缸铰点距离位移值

(b) 模型求解中间角度变量值

(c) 铰点 *A*、*D*、*I* 的坐标值

(d) 铰点 *B*、*C*、*E* 的坐标值

图 4.2 ZL50G 型装载机工作装置铰点坐标计算结果

(a) 油缸铰点距离位移值

(b) 模型求解中间角度变量值

(c) 铰点 *A*、*D*、*I* 的坐标值

(d) 铰点 *B*、*C*、*E* 的坐标值

图 4.3 LW900K 型装载机工作装置铰点坐标计算结果

装载机工作装置铰点坐标计算结果中，铰点 A、D、I 的坐标值与动臂油缸的位移变化规律保持一致，摇臂油缸位移变化对这三个铰点的坐标值不产生影响；铰点 B、C、E 的坐标值则受动臂油缸和摇臂油缸位移共同变化的影响，体现了工作装置中铲斗、连杆和摇臂结构的复合运动特点。根据摇臂油缸和动臂油缸的实测位移时间历程，可得到全局坐标系下表示变姿态下工作装置各铰接点的坐标值，为工作装置铰点载荷转换和基于弯矩等效的疲劳试验外载荷推导奠定了基础。

4.2　基于弯矩等效的工作装置外载荷当量

4.2.1　基于弯矩等效的外载荷当量

记工作装置弯矩等效获得的当量外力为 F，h 和 l 分别为外力 F 作用点到铰点 A 的距离在 x 和 y 轴的投影长度，δ 为外力 F 作用线与 x 轴的夹角，F_E 为摇臂铰点 E 受到的摇臂油缸作用力，F_I 为动臂铰点 I 受到的动臂油缸作用力，O_1、O_2、O_3、O_4 为动臂中性面上选取的弯矩计算点。装载机工作装置当量外力与弯矩计算点如图 4.4 所示。

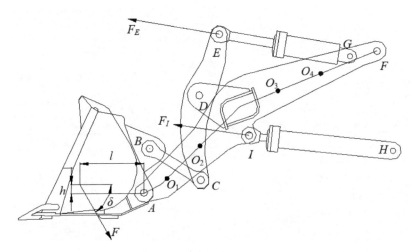

图 4.4　工作装置当量外力与弯矩计算点位置

工作装置姿态确定后，用全局坐标系下当量外力 F 和油缸铰点支反力 F_E、F_I 表示动臂中性面上选取的 O_1、O_2、O_3 和 O_4 点的弯矩值 M_1、M_2、M_3 和 M_4，如式(4.19)所示。

$$\begin{cases} M_1 = F \cdot \cos\delta \cdot \left(h - y_{AO_1}\right) + F \cdot \sin\delta \cdot \left(l + x_{AO_1}\right) \\ M_2 = F \cdot \cos\delta \cdot \left(h + y_{AO_2}\right) + F \cdot \sin\delta \cdot \left(l + x_{AO_2}\right) \\ M_3 = F \cdot \cos\delta \cdot \left(h + y_{AO_3}\right) + F \cdot \sin\delta \cdot \left(l + x_{AO_3}\right) - F_I \cdot d_{IO_3} + F_E \cdot d_{EO_3} \\ M_4 = F \cdot \cos\delta \cdot \left(h + y_{AO_4}\right) + F \cdot \sin\delta \cdot \left(l + x_{AO_4}\right) - F_I \cdot d_{IO_4} + F_E \cdot d_{EO_4} \end{cases} \tag{4.19}$$

式中，x_{AO1} 和 y_{AO1} 分别为 O_1 点到铰点 A 距离在全局坐标系 x 和 y 轴的投影；

x_{AO2} 和 y_{AO2} 分别为 O_2 点到铰点 A 距离在全局坐标系 x 和 y 轴的投影；

x_{AO3} 和 y_{AO3} 分别为 O_3 点到铰点 A 距离在全局坐标系 x 和 y 轴的投影；

x_{AO4} 和 y_{AO4} 分别为 O_4 点到铰点 A 距离在全局坐标系 x 和 y 轴的投影；

d_{IO3} 和 d_{EO3} 分别为 O_3 点到力 F_I 和 F_E 作用线的垂直距离；

d_{IO4} 和 d_{EO4} 分别为 O_4 点到力 F_I 和 F_E 作用线的垂直距离。

选定工作装置弯矩等效姿态后，铰点力 F_E 和 F_I 与外力 F 之间为确定的倍数关系，动臂上点的弯矩与外力 F 也有确定的函数关系，此时利用动臂弯矩等效的方法推导外力的作用方向及作用位置，进而基于动臂截面最大弯矩的时间历程获得外力的时间历程，并将其用于工作装置载荷谱的编制。

4.2.2 工作装置各构件铰接点力的计算

动臂截面弯矩计算，需要将实测的连杆力以及铲斗局部坐标系下铰点 A 的受力转换至动臂局部坐标系下动臂铰点力。铲斗局部坐标系与动臂局部坐标系之间的对应关系难以直接求解，这里利用全局坐标系下各铰点坐标值，将实测铲斗局部坐标系下销轴力转换为全局坐标系下铲斗与动臂铰点力，进而求得全局坐标系下各构件的铰点力。建立工作装置铲斗铰点受力分析模型，如图 4.5 所示。

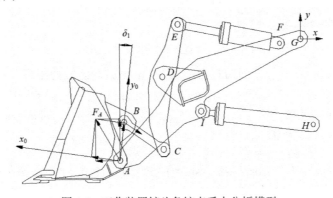

图 4.5 工作装置铲斗各铰点受力分析模型

　　坐标系 x_0Ay_0 为铲斗铰点局部坐标系，F_{Ax0} 和 F_{Ay0} 分别为铲斗铰点 A 处铲斗局部坐标系下实测的铰点力，F_{Ax} 和 F_{Ay} 为铰点 A 处铲斗受力在全局坐标系 x 轴和 y 轴上的投影，F_B 为铲斗与连杆铰接处所受外力。δ_1 为铲斗局部坐标系 y_0 方向与全局坐标系 y 方向的夹角，它由铰点 A 和铰点 B 的坐标值求得，如式(4.20)所示。

$$\delta_1=\arctan\left[\left(x_B-x_A\right)\big/\left(y_B-y_A\right)\right] \tag{4.20}$$

　　利用 δ_1 将实测铲斗铰点力转换为全局坐标系下铲斗铰点力，如式(4.21)所示。

$$\begin{cases} F_{Ax}=-\left(F_{Ax0}\cdot\cos\delta_1-F_{Ay0}\cdot\sin\delta_1\right) \\ F_{Ay}=F_{Ax0}\cdot\sin\delta_1+F_{Ay0}\cdot\cos\delta_1 \end{cases} \tag{4.21}$$

　　铲斗上与连杆铰点 B 以及摇臂上与连杆铰点 C 处所受外力 F_B 和 F_C 的值与连杆传感器所测拉力的大小相等。建立摇臂铰点受力分析模型如图4.6所示。

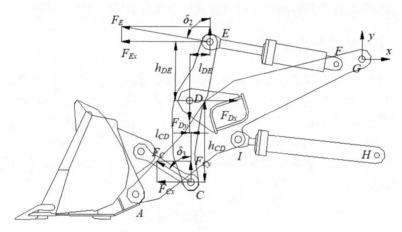

图4.6　工作装置摇臂各铰点受力图

　　l_{DE}、l_{CD}、h_{DE}、h_{CD} 分别为对应铰点在 x 和 y 方向之间的距离，若铰点 C 或铰点 D 位于铰点 E 左侧时，l_{CD} 或 l_{DE} 取负值；摇臂上铰点 C、E、D 受力在全局坐标系下的分力为 F_{Cx}、F_{Cy}、F_{Ex}、F_{Ey}、F_{Dx} 和 F_{Dy}，对摇臂取铰点 D 处力矩平衡如式(4.22)所示。

$$\sum M_D = F_E\cdot\left(l_{DE}\cdot\cos\delta_2+h_{DE}\cdot\sin\delta_2\right)-F_C\cdot\left(h_{CD}\cdot\sin\delta_3-l_{CD}\cdot\cos\delta_3\right)=0 \tag{4.22}$$

　　式中，δ_2 和 δ_3 分别为 F_E 和 F_C 作用线与 y 方向的夹角，如式(4.23)所示。

$$\begin{cases} \delta_2 = \arctan\left[(x_F - x_E)/(y_E - y_F)\right] \\ \delta_3 = \arcsin\left[(x_C - x_B)/\overline{BC}\right] \end{cases} \tag{4.23}$$

全局坐标系下摇臂铰点所受外力分别如式(4.24)和式(4.25)所示。

$$F_E = \frac{h_{CD} \cdot \sin\delta_3 - l_{CD} \cdot \cos\delta_3}{l_{DE} \cdot \cos\delta_2 + h_{DE} \cdot \sin\delta_2} \cdot F_C \tag{4.24}$$

$$\begin{cases} F_{Dx} = -\left(F_{Ex} + F_{Cx}\right) = F_E \cdot \sin\delta_2 + F_C \cdot \sin\delta_3 \\ F_{Dy} = -\left(F_{Ey} + F_{Cy}\right) = -\left(F_E \cdot \cos\delta_2 + F_C \cdot \cos\delta_3\right) \end{cases} \tag{4.25}$$

建立动臂铰点受力分析模型，如图 4.7 所示。

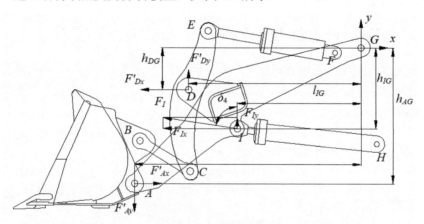

图 4.7　工作装置动臂各铰点受力分析图

力 F'_{Ax}、F'_{Ay}、F'_{Dx} 和 F'_{Dy} 分别与力 F_{Ax}、F_{Ay}、F_{Dx} 和 F_{Dy} 大小相等、方向相反，铰点 I 所受外力在全局坐标系下为 F_{Ix} 和 F_{Iy}，取动臂力矩平衡，如式(4.26)所示。

$$\begin{aligned} \sum M_G = {}& F'_{Ay} \cdot l_{AG} + F'_{Ax} \cdot h_{AG} - F'_{Dy} \cdot l_{DG} - F'_{Dx} \cdot h_{DG} - \\ & F_I \cdot (l_{IG} \cdot \cos\delta_4 + h_{IG} \cdot \sin\delta_4) = 0 \end{aligned} \tag{4.26}$$

式中，l_{AG}、l_{DG}、l_{IG}、h_{AG}、h_{DG}、h_{IG} 分别为对应铰点在 x 和 y 方向之间的距离；

δ_4 为力 F_I 作用线与 y 方向的夹角，如式(4.27)所示。

铰点 I 的受力如式(4.28)所示。

$$\delta_4 = \arctan\left[\left(x_H - x_I\right)\big/\left(y_I - y_H\right)\right] \tag{4.27}$$

$$\begin{cases} F_{Ix} = -\dfrac{F'_{Ay} \cdot l_{AG} + F'_{Ax} \cdot h_{AG} - F'_{Dy} \cdot l_{DG} - F'_{Dx} \cdot h_{DG}}{l_{IG} \cdot \cos\delta_4 + h_{IG} \cdot \sin\delta_4} \cdot \sin\delta_4 \\[4mm] F_{Iy} = \dfrac{F'_{Ay} \cdot l_{AG} + F'_{Ax} \cdot h_{AG} - F'_{Dy} \cdot l_{DG} - F'_{Dx} \cdot h_{DG}}{l_{IG} \cdot \cos\delta_4 + h_{IG} \cdot \sin\delta_4} \cdot \cos\delta_4 \end{cases} \tag{4.28}$$

由上述分析可知，当装载机各铰接点全局坐标系下的坐标值确定时，由实测的连杆力、铲斗局部坐标系下动臂与铲斗的铰点力以及式(4.21)、式(4.25)和式(4.28)计算可得到全局坐标系下动臂构件上铰点的受力，这为动臂上弯矩的计算提供了关键数据。

4.2.3　当量外力与油缸力关系分析

当装载机工作装置姿态确定时，所受到的外力有当量外力 F、动臂油缸和摇臂油缸的支反力 F_E 和 F_I，全局坐标系下力 F 与力 F_E、F_I 之间的关系如图 4.8 所示。

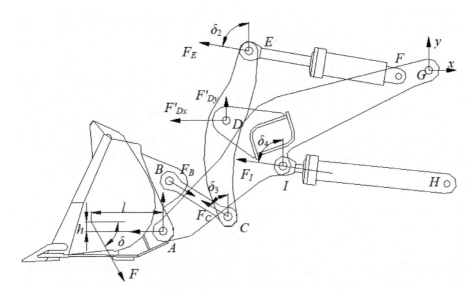

图4.8　工作装置当量外力与油缸支反力关系

在当量外力作用下，以铲斗上铰点 A 为原点取合力矩，如式(4.29)所示。

$$\sum M_A = F \cdot \sin\delta \cdot h - F \cdot \cos\delta \cdot l - F_B \cdot \cos\delta_3 \cdot$$
$$(x_B - x_A) - F_B \cdot \sin\delta_3 \cdot (y_B - y_A) = 0 \tag{4.29}$$

即铲斗上铰点 B 和摇臂上铰点 C 与当量外力 F 之间的数值关系如式(4.30)所示。

$$F_B = F_C = \frac{h \cdot \sin\delta - l \cdot \cos\delta}{(x_B - x_A) \cdot \cos\delta_3 - (y_B - y_A) \cdot \sin\delta_3} \cdot F \tag{4.30}$$

铲斗上铰点 A 受力 F_{Ax}、F_{Ay} 与当量外力 F 之间的数值关系如式(4.31)所示。

$$\begin{cases} F_{Ax} = F \cdot \cos\delta + F_B \cdot \sin\delta_3 = \left[\cos\delta + \dfrac{h \cdot \sin\delta - l \cdot \cos\delta}{(x_B - x_A) \cdot \cos\delta_3 - (y_B - y_A) \cdot \sin\delta_3} \cdot \sin\delta_3 \right] \cdot F \\[3mm] F_{Ay} = F \cdot \sin\delta + F_B \cdot \cos\delta_3 = \left[\sin\delta + \dfrac{h \cdot \sin\delta - l \cdot \cos\delta}{(x_B - x_A) \cdot \cos\delta_3 - (y_B - y_A) \cdot \sin\delta_3} \cdot \cos\delta_3 \right] \cdot F \end{cases}$$
$$\tag{4.31}$$

将式(4.30)代入式(4.24)可得力 F_E 与当量外力 F 之间的数值关系，如式(4.32)所示。

$$F_E = \frac{h_{CD} \cdot \sin\delta_3 - l_{CD} \cdot \cos\delta_3}{l_{DE} \cdot \cos\delta_2 + h_{DE} \cdot \sin\delta_2} \cdot \frac{h \cdot \sin\delta - l \cdot \cos\delta}{(x_B - x_A) \cdot \cos\delta_3 - (y_B - y_A) \cdot \sin\delta_3} \cdot F \tag{4.32}$$

将式(4.30)和式(4.32)代入式(4.25)，可得动臂上铰点 D 所受力 F'_{Dx}、F'_{Dy} 与当量外力 F 之间的数值关系，如式(4.33)所示。

$$\begin{cases} F'_{Dx} = \left(\sin\delta_3 + \dfrac{h_{CD} \cdot \sin\delta_3 - l_{CD} \cdot \cos\delta_3}{l_{DE} \cdot \cos\delta_2 + h_{DE} \cdot \sin\delta_2} \cdot \sin\delta_2 \right) \cdot \dfrac{(h \cdot \sin\delta - l \cdot \cos\delta) \cdot F}{(x_B - x_A) \cdot \cos\delta_3 - (y_B - y_A) \cdot \sin\delta_3} \\[4mm] F'_{Dy} = \left(\cos\delta_3 + \dfrac{h_{CD} \cdot \sin\delta_3 - l_{CD} \cdot \cos\delta_3}{l_{DE} \cdot \cos\delta_2 + h_{DE} \cdot \sin\delta_2} \cdot \cos\delta_2 \right) \cdot \dfrac{(h \cdot \sin\delta - l \cdot \cos\delta) \cdot F}{(x_B - x_A) \cdot \cos\delta_3 - (y_B - y_A) \cdot \sin\delta_3} \end{cases}$$
$$\tag{4.33}$$

将式(4.31)和式(4.33)代入式(4.28)中，可得动臂上铰点 I 所受外力与当量外力 F 之间的数值关系，如式(4.34)所示。

$$F_I = \frac{F}{l_{IG} \cdot \cos\delta_4 + h_{IG} \cdot \sin\delta_4}$$

$$\left\{ \left[\sin\delta + \frac{h \cdot \sin\delta - l \cdot \cos\delta}{(x_B - x_A) \cdot \cos\delta_3 - (y_B - y_A) \cdot \sin\delta_3} \cdot \cos\delta_3 \right] \cdot l_{AG} + \right.$$

$$\left[\cos\delta + \frac{h \cdot \sin\delta - l \cdot \cos\delta}{(x_B - x_A) \cdot \cos\delta_3 - (y_B - y_A) \cdot \sin\delta_3} \cdot \sin\delta_3 \right] \cdot h_{AG} -$$

$$\frac{h \cdot \sin\delta - l \cdot \cos\delta}{(x_B - x_A) \cdot \cos\delta_3 - (y_B - y_A) \cdot \sin\delta_3} \cdot$$

$$\left[\left(\cos\delta_3 + \frac{h_{CD} \cdot \sin\delta_3 - l_{CD} \cdot \cos\delta_3}{l_{DE} \cdot \cos\delta_2 + h_{DE} \cdot \sin\delta_2} \cdot \cos\delta_2 \right) \cdot l_{DG} + \right.$$

$$\left. \left. \left(\sin\delta_3 + \frac{h_{CD} \cdot \sin\delta_3 - l_{CD} \cdot \cos\delta_3}{l_{DE} \cdot \cos\delta_2 + h_{DE} \cdot \sin\delta_2} \cdot \sin\delta_2 \right) \cdot h_{DG} \right] \right\}$$

$$(4.34)$$

当装载机工作装置铰点坐标已知时，由式(4.32)和式(4.34)可以得到铰点 E 和铰点 I 所受力 F_E 和 F_I 与外力 F 的数学关系。

4.2.4　工作装置当量外载荷时间历程

以 GA 连线为 x_1 轴建立动臂局部坐标系 x_1Gy_1，动臂中性面上的点如图 4.9 所示。

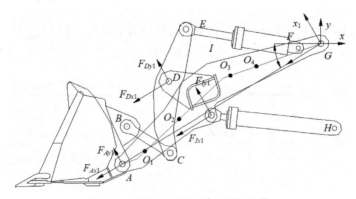

图 4.9　动臂局部坐标系下弯矩计算

图中，δ_5 为全局坐标系 x 负方向与动臂局部坐标系 x_1 正方向的夹角；F_{Ax1}、F_{Ay1}、F_{Ix1}、F_{Iy1}、F_{Dx1} 和 F_{Dy1} 为铰点 A、I、D 在动臂局部坐标系 x_1 和 y_1 方向

上的分力。

假定角 δ_5 恒为正值，全局坐标系下铰点力向动臂局部坐标系下转换，GA 连线在 x 轴的上方和下方时，铰点力关系分别如式(4.35)和式(4.36)所示。

$$\begin{cases} F_{x1}=-F_x\cdot\cos\delta_5+F_y\cdot\sin\delta_5 \\ F_{y1}=F_x\cdot\sin\delta_5+F_y\cdot\cos\delta_5 \end{cases} \tag{4.35}$$

$$\begin{cases} F_{x1}=-F_x\cdot\cos\delta_5-F_y\cdot\sin\delta_5 \\ F_{y1}=-F_x\cdot\sin\delta_5+F_y\cdot\cos\delta_5 \end{cases} \tag{4.36}$$

此时，动臂局部坐标系与全局坐标系的夹角 δ_5 用铰点 A 全局坐标下 y 方向坐标值 y_A 来表示，当 AG 连线在全局坐标系 x 轴上方时，δ_5 为正值，则动臂局部坐标系下铰点力与全局坐标系下铰点力关系可统一用式(4.37)表示。

$$\begin{cases} F_{x1}=-F_x\cdot\cos\left(\arcsin\dfrac{y_A}{AG}\right)+F_y\cdot\sin\left(\arcsin\dfrac{y_A}{AG}\right) \\ F_{y1}=F_x\cdot\sin\left(\arcsin\dfrac{y_A}{AG}\right)+F_y\cdot\cos\left(\arcsin\dfrac{y_A}{AG}\right) \end{cases} \tag{4.37}$$

将 4.2.2 节中全局坐标系下铰点力 F_{Ax}、F_{Ay}、F_{Dx}、F_{Dy}、F_{Ix} 和 F_{Iy} 转换为动臂局部坐标系下铰点力 F_{Ax1}、F_{Ay1}、F_{Dx1}、F_{Dy1}、F_{Ix1} 和 F_{Iy1}。动臂上选定的 4 个点的弯矩值，可以由动臂局部坐标系下的铰点载荷值求得，如式(4.38)所示。

$$\begin{cases} M_1=-F_{Ax1}\cdot y_{A1}-F_{Ay1}\cdot x_{A1} \\ M_2=-F_{Ax1}\cdot y_{A2}-F_{Ay1}\cdot x_{A2} \\ M_3=-F_{Ax1}\cdot y_{A3}-F_{Ay1}\cdot x_{A3}+F_{Dx1}\cdot y_{D3}-F_{Dy1}\cdot x_{D3}-F_{Ix1}\cdot y_{I3}-F_{Iy1}\cdot x_{I3} \\ M_4=-F_{Ax1}\cdot y_{A4}-F_{Ay1}\cdot x_{A4}+F_{Dx1}\cdot y_{D4}-F_{Dy1}\cdot x_{D4}-F_{Ix1}\cdot y_{I4}-F_{Iy1}\cdot x_{I4} \end{cases} \tag{4.38}$$

式中，x_{Ai} 和 y_{Ai} 分别为 O_i 点到力 F_{Ax1} 和 F_{Ay1} 作用线的垂直距离，其中，$i=1$，$2\cdots$，4。

x_{Di} 和 y_{Di} 分别为 O_i 点到力 F_{Dx1} 和 F_{Dy1} 作用线的垂直距离，其中，$i=1$，$2\cdots$，4。

x_{Ii} 和 y_{Ii} 分别为 O_i 点到力 F_{Ix1} 和 F_{Iy1} 作用线的垂直距离，其中 $i=1$，2，$\cdots$，4。

动臂中性面上最大弯矩点的位置由动臂的弯矩图求得，如图 4.10 所示。

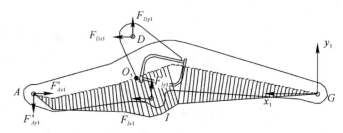

图 4.10　动臂中性面上最大弯矩点的位置计算

理论力学中，由弯矩计算理论可知，横梁、动臂板与动臂中性面的前端交点 O_5 为最大弯矩点。最大弯矩点的弯矩值 M_5 如式(4.39)所示。

$$M_5 = F'_{Ax1} \cdot y_{A5} + F'_{Ay1} \cdot x_{A5} + F_{Dx1} \cdot y_{D5} - F_{Dy1} \cdot x_{D5} \tag{4.39}$$

式中，x_{A5} 和 y_{A5} 分别为 O_5 点到力 F'_{Ax1} 和 F'_{Ay1} 作用线的垂直距离；

x_{D5} 和 y_{D5} 分别为 O_5 点到力 F_{Dx1} 和 F_{Dy1} 作用线的垂直距离。

由两种样机动臂局部坐标系下弯矩计算点与铰点力作用线垂直距离计算得到弯矩 M_1、M_2、M_3、M_4 和 M_5 的时间历程及最大值，分别如图 4.11 和图 4.12 所示。

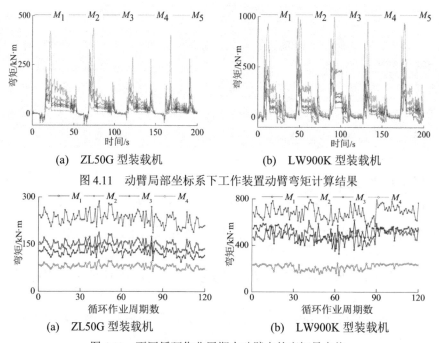

(a)　ZL50G 型装载机　　　　　(b)　LW900K 型装载机

图 4.11　动臂局部坐标系下工作装置动臂弯矩计算结果

(a)　ZL50G 型装载机　　　　　(b)　LW900K 型装载机

图 4.12　不同循环作业周期中动臂点的弯矩最大值

点 O_1、O_2、O_3 和 O_4 弯矩峰值的均值 M_{1max}、M_{2max}、M_{3max} 和 M_{4max} 如表 4.1 所示。

表 4.1 动臂各点弯矩峰值的均值

	M_{1max}		M_{2max}		M_{3max}		M_{4max}	
	ZL50G	LW900K	ZL50G	LW900K	ZL50G	LW900K	ZL50G	LW900K
均值 /(kN·m)	150.69	490.06	231.92	684.09	124.88	502.19	78.96	215.80
方差	13.73	48.74	20.91	67.40	11.88	57.99	7.09	25.41
变异 系数	0.091	0.099	0.090	0.098	0.095	0.115	0.089	0.117

ZL50G 型装载机和 LW900K 型装载机 4 种物料介质 120 个循环作业下的弯矩均值变异系数均小于 15%，所得结果可以用来反求等效外载荷的作用位置和角度参数。斗尖载荷以及全局坐标系下各铰接点受力分析计算结果表明，在装载机铲斗水平插入物料至最深位置时，插入阻力达到峰值，这里选择如图 4.4 所示的铲斗水平时的姿态为等效外载荷的初始当量姿态，将装载机整个作业循环周期内其他姿态下的受力当量至该姿态下。由表 4.1 中弯矩峰值的均值和式(4.19)确定 ZL50G 型和 LW900K 型装载机工作装置当量外力的作用位置参数 l、h 和 ξ，其分别为 1.149 m、0.674 m、58° 和 0.818 m、0.176 m、65°。

此时，油缸铰点支反力 F_E、F_I 与当量外力 F 的大小关系分别由式(4.32)和式(4.34)求得，ZL50G 型装载机为 $F_E = 1.358F$ 和 $F_I = 4.998F$，LW900K 型装载机为 $F_E = 1.366F$ 和 $F_I = 5.387F$。固定姿态下动臂油缸和摇臂油缸的长度固定，此时工作装置受到当量外力 F 和油缸铰点支反力 F_E、F_I 的作用，利用 O_5 点弯矩 M_{O5} 的时间历程可反推得到当量外力 F 的载荷时间历程，如式(4.40)所示。

$$F = \frac{M_{O5}}{\left[d_{O5} + (F_E/F) \cdot d_{EO5} \right]} \tag{4.40}$$

式中，d_{O5} 和 d_{EO5} 分别为 O_5 点到力 F 和 F_E 作用线的垂直距离。其中，ZL50G 型装载机为 1.742 m 和 0.879 m，LW900K 型装载机为 1.842 m 和 0.948 m。

在铲掘作业时采用一次铲装作业，每个作业周期中铲斗基本都处于满斗状态，由工作装置实测铰点载荷得到的当量外载荷在相同物料介质下具有明显的周期性和分段特性，铲装作业时的载荷峰值基本保持一致。两种型号试验样机的当量外力时间历程中包含了卸料时的瞬时冲击载荷，即基于弯矩等效所得的当量外力时间历程载荷变化规律与装载机作业过程相互吻合。

4.2.5　当量外力下工作装置姿态调整

固定姿态下的当量外力在动臂横梁上的结构损伤与实际铲装作业过程中结构损伤具有一致性，必要时需要对铲斗作业姿态进行适当修正。动臂横梁主要受到横梁铰点 D 处的外载荷作用，保持动臂油缸长度不变，改变摇臂油缸长度即铲斗斗底板与水平面的夹角 δ_6，利用动臂横铰点载荷的伪损伤值作为姿态修正的依据，建立动臂姿态固定时工作装置受力 F 与动臂上的铰点 D 受力 F'_{Dx}、F'_{Dy} 之间的关系模型如图 4.13 所示。

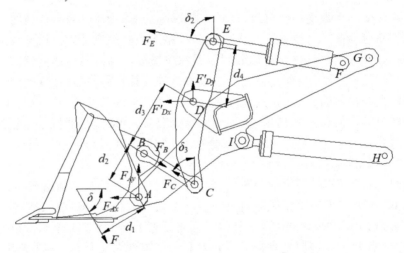

图 4.13　动臂姿态固定时当量外力与横梁铰点力关系模型

图中，d_1 和 d_2 分别为铰点 A 到力 F 和 F_B 作用线的距离；
　　　d_3 和 d_4 分别为铰点 D 到力 F_C 和 F_E 作用线的距离。

此时，力 F'_{Dx}、F'_{Dy} 与外力 F 的关系如式(4.41)所示。

$$\begin{cases} F'_{Dx} = \left(\dfrac{d_1}{d_2} \cdot \sin\delta_3 + \dfrac{d_1 d_3}{d_2 d_4} \cdot \sin\delta_2 \right) \cdot F \\[3mm] F'_{Dy} = \left(\dfrac{d_1}{d_2} \cdot \cos\delta_3 + \dfrac{d_1 d_3}{d_2 d_4} \cdot \cos\delta_2 \right) \cdot F \end{cases} \tag{4.41}$$

动臂姿态固定时，δ_6 与 d_1、d_2、d_3、d_4、δ_2 和 δ_3 的对应数值如表 4.2 所示。

表 4.2　弯矩计算点与当量外力及油缸支反力作用线距离

	ZL50G 型装载机 δ_6 角度值/°							LW900K 型装载机 δ_6 角度值/°						
	0	10	15	20	25	30	35	0	10	15	20	25	30	35
d_1/m	0.617	0.617	0.617	0.617	0.617	0.617	0.617	0.667	0.667	0.667	0.667	0.667	0.667	0.667
d_2/m	0.462	0.452	0.433	0.403	0.363	0.313	0.256	0.529	0.525	0.506	0.473	0.426	0.367	0.299
d_3/m	0.681	0.671	0.673	0.679	0.690	0.705	0.722	0.758	0.750	0.757	0.769	0.786	0.807	0.831
d_4/m	0.665	0.662	0.658	0.652	0.645	0.639	0.626	0.701	0.711	0.712	0.710	0.707	0.703	0.699
δ_2/°	93.36	93.48	93.67	93.91	94.17	94.44	94.95	95.98	95.59	95.56	95.62	95.73	95.88	96.02
δ_3/°	73.71	79.51	83.01	86.79	90.73	94.72	98.69	65.91	72.94	76.36	80.62	85.06	89.55	93.98

改变铲斗姿态可得到 δ_6 的不同值,此时工作装置横梁铰点载荷对结构的损伤值也是不同的。在无法确定结构外力与结构应力的对应关系时,nCode软件提供了一种相对损伤的评估方法,计算两种载荷时间历程的伪损伤值,并给出两个伪损伤值的比值,当比值为 1 时,表明两种载荷时间历程能够产生等效的结构损伤。

将式(4.33)得到的横梁铰点实测载荷伪损伤作为损伤评价的伪基准值,将式(4.41)得到的横梁铰点返算载荷损伤记为伪损伤值,ZL50G 型和 LW900K型装载机工作装置每种作业介质 80 斗,计算 δ_6 在不同角度下横梁铰点载荷伪损伤值与伪基准损伤值如表 4.3 所示。

表 4.3　横梁铰点载荷伪损伤值与伪基准损伤值

		ZL50G 型装载机伪损伤值				LW900K 型装载机伪损伤值			
		大石方	黏土	砂子	小石方	大石方	黏土	铁矿粉	小石方
伪基准损伤值		72.07	57.63	31.68	45.68	556.62	363.11	546.84	609.94
δ_6/°	0	23.56	13.26	7.54	7.25	95.01	54.65	114.16	99.22
	10	25.62	14.42	8.20	7.89	99.54	57.26	119.62	103.95
	15	29.94	16.86	9.58	11.23	115.18	66.27	138.41	120.29
	20	38.49	21.67	12.31	11.85	148.29	85.31	178.19	154.86
	15	54.98	30.95	17.60	16.93	214.38	123.33	257.61	223.88
	30	89.57	50.42	28.67	27.58	354.54	203.96	426.03	370.26
	35	173.68	97.77	55.59	53.48	691.06	397.55	830.42	721.69

按照作业介质的时间比例,得到叠加后的伪基准损伤值 D_s 和伪损伤值 D_f 的比值随角度 δ_6 的变化关系及多项式拟合结果,如图 4.14 和式(4.42)所示。

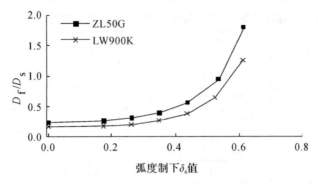

图 4.14 (D_f/D_s) 与 δ_6 的变化规律

$$\begin{bmatrix} \dfrac{D_{f-5t}}{D_{s-5t}} \\[3mm] \dfrac{D_{f-9t}}{D_{s-9t}} \end{bmatrix} = \begin{bmatrix} 119.2 & -135.6 & 59.91 & -10.04 & 0.668 & 0.245 \\ 94.42 & -114.8 & 54.71 & -10.34 & 0.711 & 0.172 \end{bmatrix} \begin{bmatrix} \delta_6^5 \\ \delta_6^4 \\ \delta_6^3 \\ \delta_6^2 \\ \delta_6 \\ 1 \end{bmatrix} \tag{4.42}$$

用五次多项式对(D_f/D_s)与弧度制下角 δ_6 进行拟合,拟合优度 R^2 全部为1,即式(4.42)能够准确描述横梁铰点载荷伪损伤与角 δ_6 的变化规律。当 D_f/D_s 的值为 1 时,横梁铰点处的实测载荷与弯矩等效推算的载荷伪损伤值相等,得到 ZL50G 型和 LW900K 型装载机铲斗底板与水平面夹角 δ_6 的值分别为 0.5324 和 0.5829,即 30.5°和 33.4°。

利用动臂截面弯矩等效方法确定 ZL50G 型和 LW900K 型装载机工作装置当量外力方向与水平地面的夹角分别为 58°和 65°,根据动臂横梁铰点载荷损伤一致确定了铲斗底板与水平面的夹角度数分别为 30.5°和 33.4°,如图 4.15 所示。

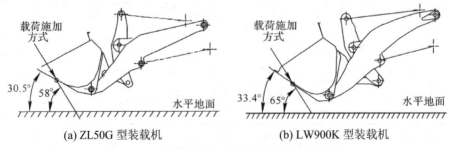

(a) ZL50G 型装载机　　　　　　(b) LW900K 型装载机

图 4.15　工作装置疲劳台架试验载荷加载与姿态

调整后的姿态与铲掘作业段载荷峰值出现时刻的作业姿态一致,姿态修正后利用动臂弯矩等效的方法所得的工作装置外力 F 的时间历程可用来编制疲劳试验载荷谱，并进行疲劳台架试验，能满足同时评估动臂板和横梁处的疲劳性能。

4.2.6　动臂结构点的弯矩校验分析

由当量外载荷 F 计算动臂结构上各点的弯矩载荷时间历程，如式(4.43)所示。

$$M_{O_i} = F \cdot d_{O_i} + (F_E/F) \cdot d_{EO_i} - (F_I/F) \cdot d_{IO_i} \qquad (i=1,2,\cdots,4) \quad (4.43)$$

式中，d_{O_i}、d_{EO_i} 和 d_{IO_i} 分别为 O_i 点到力 F、F_E 和 F_I 作用线的垂直距离，如表 4.4 所示。

表 4.4　弯矩计算点与当量外力及油缸支反力作用线距离

距离/m	ZL50G 型装载机				LW900K 型装载机			
	O_1	O_2	O_3	O_4	O_1	O_2	O_3	O_4
d_{O_i}	1.434	1.609	2.418	2.752	1.409	1.654	2.366	2.663
d_{EO_i}	0	0	0.457	0.317	0	0	0.513	0.371
d_{IO_i}	0	0	0.467	0.539	0	0	0.502	0.580

根据式(4.38)由动臂上的铰点 A、铰点 D 和铰点 I 的载荷时间历程计算得到的点的弯矩记为实测载荷计算弯矩，根据式(4.43)由当量外载荷时间历程计算得到的相同点的弯矩记为当量外载荷反推弯矩。以大石方作业介质为例，实测载荷计算弯矩和当量外载荷反推弯矩对比分别如图 4.16 和图 4.17 所示。

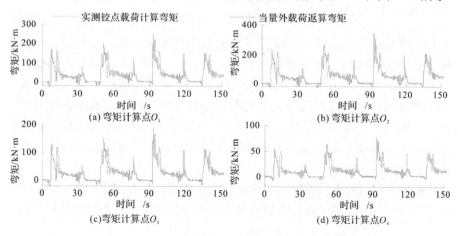

图 4.16　ZL50G 型装载机动臂弯矩时间历程对比图

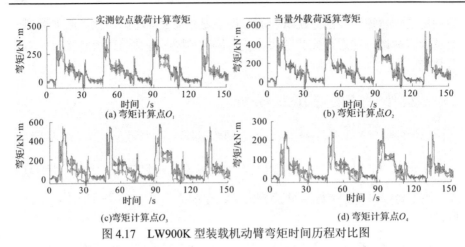
图 4.17　LW900K 型装载机动臂弯矩时间历程对比图

　　固定姿态所得当量外载荷的作用下，动臂上 4 个结构点当量载荷反推弯矩与实际载荷计算弯矩变化趋势基本保持一致。当量外载荷反推弯矩值略大于或等于实测载荷的计算峰值时，即在保证当量外载荷产生的弯矩与实际载荷计算的弯矩相吻合的前提下，采用基于动臂中性面上最大弯矩点的弯矩当量外载荷的方法能够保证动臂上的截面弯矩在动臂上端面对应的正应力产生的疲劳损伤的前后一致性。

4.3　参数法编制工作装置当量外载荷谱

4.3.1　载荷信号编辑与雨流计数

　　利用样本数据来直接进行疲劳试验载荷谱的编制与载荷加载，会受制于样本长度的局限性，难以评估工作装置全寿命周期内大载荷及其出现的频次数。在工程实践中得到广泛应用的是基于参数法的载荷谱编制，参数法编制载荷谱的原理是利用雨流计数获得的载荷均幅值联合概率密度函数的相关参数值，进而获得均幅值不同分级下的载荷作用频次。平稳且各态历经的样本数据能够根据统计分布规律推断数据总体的变化特性，是参数外推编谱的关键基础。

　　载荷谱编制前的信号编辑是实现试验数据压缩处理的关键，高采样频率所得载荷数据中包含了大量的无用信号。在疲劳分析中，只需要载荷峰谷值组成的循环，峰谷值抽取后的载荷循环中包含大量的不产生损伤的小幅值峰谷循环，需要合理设置门槛值，删除无损伤的小循环，最终实现载荷信号的编辑处理。根据载荷时间历程最值的差值对 ZL50G 型和 LW900K 型装载机的 4 种物料的阈值载荷分别统一设置为 15 kN 和 30 kN，采用"四点算法"编制 Matlab 程序进行峰谷值抽取和小波剔除，如图 4.18 所示。

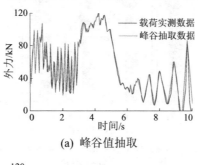

(a) 峰谷值抽取

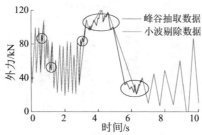

(b) 小波剔除

图 4.18　载荷信号编辑处理

对两种试验样机弯矩当量外力信号进行编辑处理时，载荷数据量的变化如表 4.5 所示。

表 4.5　不同介质下工作装置外力载荷数据量变化

	ZL50G 装载机					LW900K 装载机				
	原始数据	峰谷值抽取	变化率	小波剔除	变化率	原始数据	峰谷值抽取	变化率	小波剔除	变化率
大石方	78702	29201	37.09%	8586	10.91%	114836	37742	32.87%	5165	4.50%
黏土	71565	26230	36.65%	6403	8.95%	162462	54538	33.57%	7589	4.67%
砂子	75855	27940	36.83%	3649	4.81%	—	—	—	—	—
铁矿粉	—	—	—	—	—	128729	48317	37.53%	10755	8.35%
小石方	68843	30026	43.62%	3636	5.28%	110102	41650	37.83%	8850	8.04%

注：变化率是指峰谷值抽取或小波剔除后的数据量与原始数据量的比值。

对原始载荷、峰谷值抽取和小波剔除后的时间历程进行伪损伤值计算，

可得到不同介质下峰谷值抽取、小波剔除与原始载荷数据的伪损伤值比值,
如图 4.19 所示。

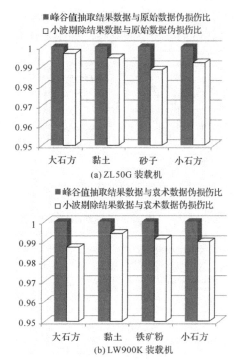

图 4.19　载荷信号编辑结果损伤变化

　　峰谷值抽取和小波剔除都保留了外力时间历程信号的原始波形和时间顺
序,数据量得到压缩,编辑后的载荷信号与原始载荷信号的伪损伤比值在 0.98
以上,满足随机载荷信号编辑前后的载荷信号产生的损伤量和出现时间顺序
应保持一致的要求。编辑后的载荷信号可用于雨流计数。常用的雨流矩阵有
From-To 矩阵、Max-Min 矩阵和 Range-Mean 矩阵,如图 4.20 所示。

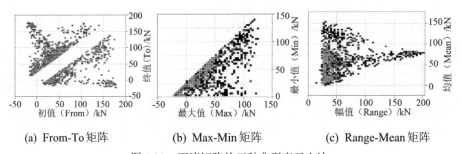

(a) From-To 矩阵　　　　(b) Max-Min 矩阵　　　　(c) Range-Mean 矩阵

图 4.20　雨流矩阵的三种典型表示方法

在不同的介质下，ZL50G 型和 LW900K 型装载机工作装置当量载荷的
Range-Mean 矩阵如图 4.21 所示。

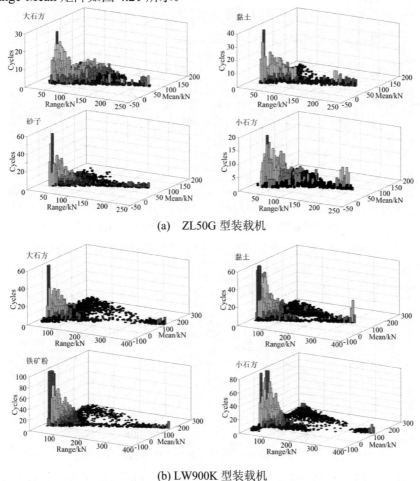

(a)　ZL50G 型装载机

(b) LW900K 型装载机

图 4.21　不同介质载荷循环计数 Range-Mean 雨流矩阵图

4.3.2　载荷统计分布与参数估计

载荷均值—幅值—频次关系矩阵是载荷统计分布的基础，只有同分布的
载荷数据才能用于后续的载荷谱编制。利用样本数据统计特性可以在误差允
许范围内求得样本的最小长度，装载机工作装置载荷参数是通过一个平稳的
物理现象获得的随机数据，可以采用误差分析的方法确定测试所需样本长度，
或者根据载荷统计分布之前的轮次法平稳性检验结果，决定每种作业介质实

测载荷斗数是否满足要求。此次统计选取最低样本数为 80 斗，倘若采用轮次法检验难以满足要求，可以再增加样本数量。进行统计分布之前，可采用轮次法对每种作业介质分别取 5 斗和 10 斗载荷作为一个子样，再各取 10 个子样进行平稳性检验，如图 4.22 和图 4.23 所示。

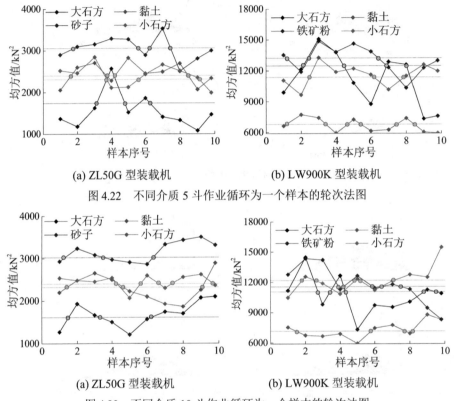

图 4.22 不同介质 5 斗作业循环为一个样本的轮次法图

图 4.23 不同介质 10 斗作业循环为一个样本的轮次法图

显著水平为 0.05 时的轮次统计结果均在区间[3,8]内，以完整作业周期载荷为基准，采用不低于 50 斗的样本数据能够接受平稳性检验，即可以用来进行分布统计。

用概率图法检验均幅值分布，对不同介质下载荷均值进行正态分布、对数正态分布拟合检验，载荷幅值进行威布尔分布和三参数威布尔分布拟合检验。分布检验结果可从概率图中直接对比定性判断，也可以根据 P(Probability)值或者 AD(Anderson-Darling 检验)值来定量判断。置信度为 0.95 时，均值分布拟合如图 4.24 和图 4.25 所示，幅值分布拟合如图 4.26 和图 4.27 所示。

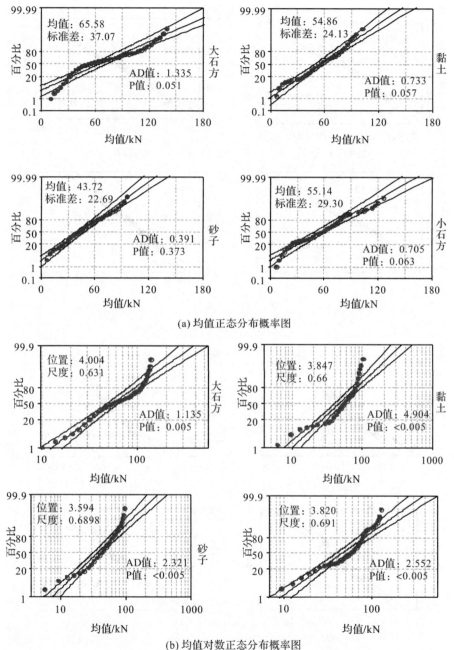

(a) 均值正态分布概率图

(b) 均值对数正态分布概率图

图 4.24　ZL50G 型装载机外载荷均值分布概率图

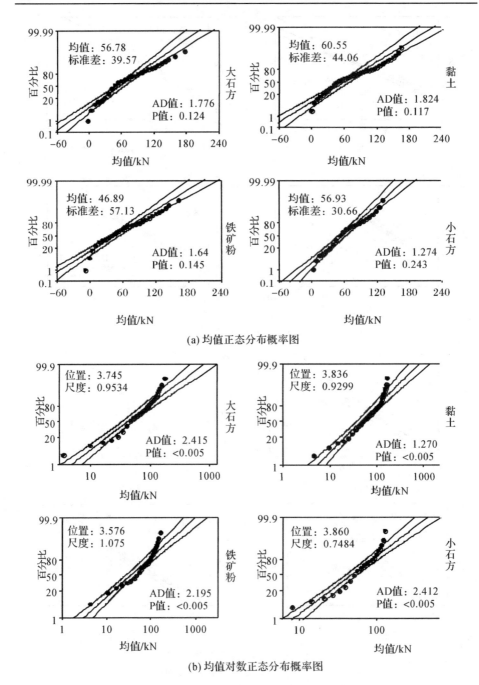

(a) 均值正态分布概率图

(b) 均值对数正态分布概率图

图 4.25　LW900K 型装载机外载荷均值分布概率图

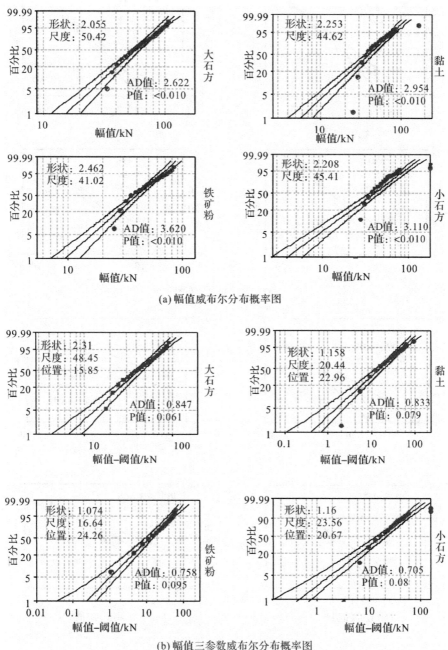

(a) 幅值威布尔分布概率图

(b) 幅值三参数威布尔分布概率图

图 4.26　ZL50G 型装载机外载荷幅值分布概率图

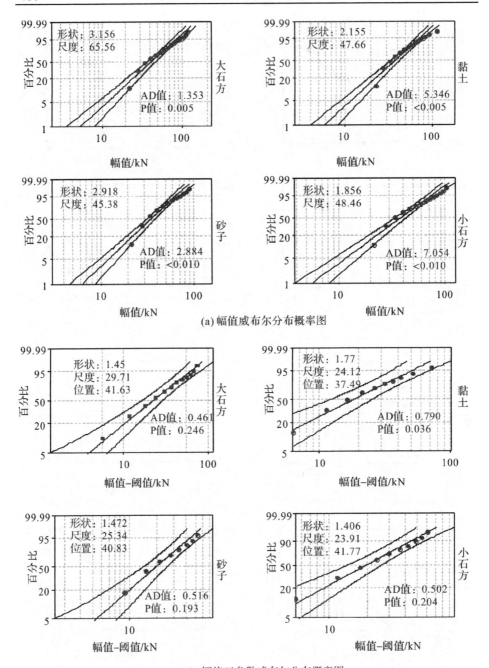

(a) 幅值威布尔分布概率图

(b) 幅值三参数威布尔分布概率图

图 4.27　LW900K 型装载机外载荷幅值分布概率图

P 值常用来判定数据是否服从正态分布。

(1) 假设 H_0：样本数据不服从正态分布，给定显著水平 α 为 0.05，当 P 值小于 α 时，在显著水平 0.05 下拒绝假设 H_0，反之接受。根据概率图结果，可以判定两种型号装载机在各自典型介质下的当量载荷均值均服从正态分布。AD 值常用来判定数据是否服从威布尔分布或三参数威布尔分布 AD 值越小分布拟合越合理。

(2) 假设 H_0'：样本数据不服从三参数威布尔分布，当样本量为 64，且给定显著水平 α 为 0.05 时，拒绝假设 H_0' 的 AD 临界值为 0.876，当概率分布拟合 AD 值小于 0.876 时，拒绝假设 H_0'，反之接受。根据概率图结果，判定两种型号装载机在典型介质下当量外载荷数据幅值均服从三参数威布尔分布。

装载机当量外载荷的均值用正态分布、幅值用三参数威布尔分布拟合效果最佳，用随机变量 y 和 z 分别表示统计结果中均值和幅值变量，载荷均值和幅值分别服从正态分布和三参数威布尔分布，其分布函数如式(4.44)所示。

$$\begin{cases} F(y) = \int_{-\infty}^{Y_{\max}} f(y)\,\mathrm{d}y = \int_{-\infty}^{Y_{\max}} \dfrac{1}{\sqrt{2\pi}\varphi_2} \exp\left[-\dfrac{(y-\varphi_1)^2}{(2\varphi_2^{\,2})} \right]\mathrm{d}y \\[2ex] F(z) = \int_{-\infty}^{Z_{\max}} f(z)\,\mathrm{d}z = \int_{-\infty}^{Z_{\max}} \dfrac{\varphi_3}{\varphi_4}\left(\dfrac{z-\varphi_5}{\varphi_4} \right)^{\varphi_3-1} \exp\left[-\dfrac{(z-\varphi_5)^{\varphi_3}}{\varphi_4} \right]\mathrm{d}z \end{cases} \tag{4.44}$$

式中，φ_1 和 φ_2 分别为正态分布的均值和标准差；

φ_3、φ_4 和 φ_5 分别为三参数威布尔分布的形状、尺度和位置参数。

4.3.3　载荷极值的判定与高位截取

在疲劳寿命预测研究中，考虑极值载荷和仅考虑正常载荷的结构寿命预测结果差值在 40% 以上，对于存在不确定性的随机载荷数据，合理、准确地判断估计载荷极值显得极其重要。极值确定方法主要有载荷频次分布函数积分法和累积频次图像扩展法。

1. 载荷频次分布函数积分法

记均值和幅值的最大值为 $Y_{\max}$ 和 $Z_{\max}$，根据载荷统计分布的超值累计频率确定最大值，利用分布函数积分法进行载荷极值求解的数学表达式如式(4.45)所示。

$$\begin{cases} Y_{\max} = \varphi_6\varphi_2 + \varphi_1 \\[1ex] Z_{\max} = \varphi_5 + \varphi_4 \sqrt[\varphi_3]{-\ln(P_z)} \end{cases} \tag{4.45}$$

式中，当 P_y 已知时，φ_6 可由标准正态分布表查得；

P_y 和 P_z 的数值大小等于载荷外推后累积频数的倒数，对于相同介质下的载荷均幅值 P_y 和 P_z 在数值上是相等的。

上一节中通过分布参数估计给出了式(4.45)中的未知参数 φ_1、φ_2、φ_3、φ_4 和 φ_5，认为最大载荷值出现的概率为 $1/10^6$，每种型号装载机需要将总累计频次按照工况时间比例、实测作业斗数以及雨流计数循环频次数进行频次分配。同型号装载机下 $k(k=1,2,\cdots,4)$ 种作业介质工况，计算其在样本作业斗数 T 内均幅值循环频次数，得到各作业介质在大载荷出现一次的总频次数 10^6 中所占比例 ξ_k，如式(4.46)所示。

$$\xi_k = \frac{\left[n_k t_k \left(T/T_k \right) \right]}{\left[\sum_{k=1}^{4} n_k t_k \left(T/T_k \right) \right]} \tag{4.46}$$

式中，T_k 为实测作业斗数；

n_k 为实测载荷雨流频次总数；

t_k 为介质所占时间比例。

两种型号装载机实测载荷包含的作业循环斗数和雨流频次数，以及按照作业介质时间比例计算超值累积频率以及载荷均幅值极大值如表 4.6 所示。

表 4.6　分布函数积分法得到的载荷极值

转载机 型号	物料	斗数	比例	雨流频次	扩展系数	扩展频次	P_x/P_y	Y_{max}/k_N	Z_{max}/k_N
ZL50G 型	大石方	95	0.2	4293	118.2299	327 732	$3.05e^{-6}$	195.5	161.4
	黏土	80	0.4	3202	207.9970	355 882	$2.81e^{-6}$	207.5	177.7
	砂子	86	0.2	1823	73.4107	179 122	$5.58e^{-6}$	193.8	145.1
	小石方	88	0.2	1817	107.9985	137 264	$7.29e^{-6}$	218.9	183.7
LW900K 型	大石方	115	0.2	2495	67.9242	169 470	$5.90e^{-6}$	407.5	296.8
	黏土	200	0.2	3869	78.1128	302 218	$3.31e^{-6}$	340.9	318.4
	铁矿粉	141	0.2	5296	55.3992	293 380	$3.41e^{-6}$	430.8	255.5
	小石方	145	0.4	4361	53.8709	234 932	$4.26e^{-6}$	353.2	289.4

2. 累计频次图像扩展法

累积频次图像扩展法是基于样本载荷累积频次分布图像平移再扩展的极值确定方法，将样本载荷累积频次分布图整体平移至目标累计频次数，在累

积频次分布图起始点作切线或者平滑曲线，切线或曲线与纵坐标的交点即为
载荷极值，其原理如图 4.28 所示。

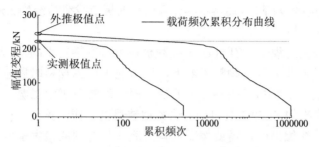

图 4.28　载荷极值确定的累积频次图像扩展法原理

累积频次曲线常受制于曲线的形状要求，载荷频次分布函数积分法认为
所有载荷数据服从同一母体分布，当作业介质变化时，概率分布特征出现差
异，因此应当分介质进行极值计算。载荷时间历程的雨流计数得到的载荷幅
值累积频次曲线进行极值外推，将各作业介质下的载荷频次外推至表 4.6 中
的频次，所得极值结果如图 4.29 所示。

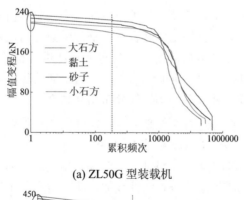

(a) ZL50G 型装载机

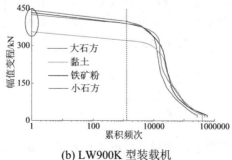

(b) LW900K 型装载机

图 4.29　累积频次图像扩展法所得载荷极值结果

　　累积频次图像扩展法以大载荷区域的累积频次曲线曲率变化为依据进行线性外推，所得极值载荷结果偏大。基于载荷频次的极值计算方法是以载荷样本统计分布规律为基准，通常将其计算所得的极值载荷与参数法外推联合，用于载荷谱的编制。

　　在实际测试过程中，ZL50G 型装载机在大石方物料工况、LW900K 型装载机在铁矿粉和大石方物料工况下，均出现了铲掘物料时后轮离地的现象，即测试试验中包括了两种样机的最大掘起外载荷极限工况。根据载荷极值结果对本次的 ZL50G 型和 LW900K 型装载机工作装置外载荷进行参数法或者非参数法编谱时，需要按照物料雨流计数得到的最大幅值或均值循环值，对外推载荷谱结果进行高位截取。ZL50G 型和 LW900K 型装载机工作装置外载荷均值区间分别为–24.9 kN～174.2 kN 和–58.6 kN～278.5kN，幅值最大值分别为 184.9 kN 和 367.4 kN，截取后的载荷谱数据用于疲劳台架试验与寿命预测。

4.3.4　参数法编制工作装置载荷谱

　　在采用参数法编谱中，载荷外推扩展后的一个完整载荷谱块包含作业载荷循环频次为 10^6 次。建立均幅值联合概率密度函数之前，利用卡方分布编制 Matlab 程序对雨流计数后的均幅值分布独立性进行检验，ZL50G 型和 LW900K 型装载机典型作业介质下计算卡方值均满足显著水平为 0.05 时的要求，即两种型号装载机外载荷的均幅值分布相互独立。

　　载荷均值按照等间隔进行 8 级划分，幅值则取 4 种作业介质雨流计数结果中幅值的最大值，按照 Cover 系数 1、0.95、0.85、0.725、0.575、0.425、0.275、0.125 进行非等间隔的 8 级划分。对具有相同区间划分的不同作业介质求得的 8×8 级二维谱矩阵进行线性叠加，即可得到基于参数法外推的二维载荷谱。单一作业介质下和 4 种作业介质线性叠加后第 i 级均值和第 j 级幅值的频次分别如式(4.47)和式(4.48)所示。

$$r_{kij} = r_k \int_{y_i}^{y_{i+1}} \int_{z_j}^{z_{j+1}} f(y)f(z)\mathrm{d}y\mathrm{d}z \tag{4.47}$$

$$r_{ij} = \sum_{k=1}^{4} r_{kij} \tag{4.48}$$

式中，k 为 1～4，分别代表同型号装载机 4 种典型介质工况；

　　　　i 和 j 为 1～8；

y_i、y_{+1} 和 z_j、z_{j+1} 分别代表第 i 级均值和第 j 级幅值积分的上下限；r_k 为对应表 4.6 中的扩展频次数。

将均幅值的概率密度函数 $f(y)$ 和 $f(z)$ 代入式 (4.47) 中，结合图 4.24(a)、图 4.25(a)、图 4.26(b) 和图 4.27(b) 所示的分布参数值，编制 Matlab 程序得到基于参数法的 ZL50G 型和 LW900K 型装载机外载荷的 8 级二维谱，分别如表 4.7 和表 4.8 所示。

表 4.7　ZL50G 型装载机工作装置参数法编制的二维载荷谱

		载荷幅值/kN							
		23.1	50.9	78.6	106.3	134.1	157.2	175.7	184.9
载荷均值/kN	−24.9	3 182	6 916	3 478	610	38	2	0	0
	3.6	30 424	42 237	16 213	2 813	222	21	4	0
	32.1	113 433	134 251	43 358	7 455	683	77	14	3
	60.4	137 469	166 126	53 975	9 323	868	99	3	8
	88.7	56 732	81 531	31 161	5 452	453	46	8	4
	117.2	9 861	20 641	10 041	1 769	120	9	2	0
	145.6	1 136	3 627	2 060	362	21	1	0	0
	174.2	111	435	260	45	2	0	0	0

表 4.8　LW900K 型装载机工作装置参数法编制的二维载荷谱

		载荷幅值/kN							
		45.9	101.2	156.1	211.3	266.4	312.3	349.1	367.4
载荷均值/kN	−58.6	10 181	835	113	19	4	1	0	0
	−10.7	76 998	6 293	842	141	26	5	1	0
	37.5	267 344	21 328	2 777	451	80	17	6	1
	85.7	356 951	27 962	3 578	571	100	21	8	3
	133.9	166 017	12 926	1 652	264	46	10	2	0
	182.1	31 257	2 375	301	48	8	2	0	0
	230.3	2845	203	25	4	1	0	0	0
	278.5	123	8	1	0	0	0	0	0

工作装置外载荷各介质参数法外推前后的幅值-累积频次关系变化如图 4.30 所示。

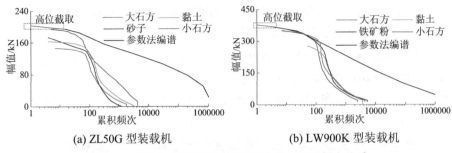

图 4.30　参数法编制载荷谱的幅值变程与累积频次关系

　　参数法编制的载荷谱实现了载荷幅值和频次的双向外推，但是在大载荷区域内的载荷频次数没有得到扩展反而降低了，这是由于参数法编谱的基础是相互独立的均幅值联合概率密度函数，正态分布和三参数威布尔分布对载荷均值和幅值频次的分布拟合满足 0.95 置信度时的分布拟合检验要求。但是分布规律对小载荷的拟合优度要明显高于大载荷，幅值较小的载荷频数大，对载荷统计分布影响权重高，使得满足一定可靠度的分布并不能完全反映载荷雨流计数中均幅值频次谱图形，在幅值载荷分布拟合中体现的尤为明显。幅值-频次用三参数威布尔分布拟合的结果考虑了多数小载荷频次的影响，大载荷频数对分布拟合的影响被弱化了，即参数法假定均值或幅值分布服从可能的特定分布，这种分布假定方式与随机变量的实际物理模型往往存在很大差异，这就造成了参数法外推部分大载荷频次数没有得到扩展反而被缩减了。因此利用参数法外推进行装载机工作装置外载荷的载荷谱编制，会在一定程度上降低载荷谱块的损伤值，从而影响其寿命预测结果的准确性。

4.4　非参数法编制工作装置当量外载荷谱

4.4.1　自适应带宽二维核函数的构建

　　在统计学中存在一种从数据本身出发研究数据分布特征的方法，即非参数估计法，基于核函数的核密度估计的非参数法不对数据的分布特性做任何假定。非参数法以迟滞回环为基础，推断全寿命周期内迟滞回环出现的频次数，以及能够产生更大损伤的迟滞回环。对于分布未知且具有随机性的工作装置外载荷，采用非参数法可以弥补参数法编谱的不足。

　　记装载机工作装置弯矩等效所得外载荷的非参数模型如式(4.49)所示。

$$x_i = f(t_i) + \varepsilon_i \qquad i = 1, 2, \cdots, n \tag{4.49}$$

式中，x_i 为时刻 t_i 时的载荷测量值；

　　　ε_i 为随机测量误差；

　　　$f(t_i)$ 为非参数模型。

对 $f(t)$ 进行非参数估计，x_i 对 $f(t)$ 的影响大小与 t_i 和 t 的距离成正比，$f(t)$ 的估计值应取 t 点的邻域内的均值加权修正值，如式(4.50)所示。

$$\hat{f}(t) = \frac{1}{n} \sum_{i=1}^{n} k_i(t) x_i \tag{4.50}$$

式中，$k_i(t)$ 为不同时刻的权重值，权重值的总和为 1。

Silverman 提出了采用核函数 $g(u)$ 代替权重函数 $k_i(t)$ 的方法，实现了非参数估计中概率密度的光滑性，避免了非连续的权函数的信息丢失，被称为核密度估计法。常用的核函数有高斯核函数和 Epanechnikov 核函数，分别如式(4.51)和式(4.52)所示。

$$g_1(u) = \frac{1}{\sqrt{2\pi}} \exp\left(\frac{-u^2}{2}\right) \tag{4.51}$$

$$g_2(u) = 0.75(1 - u^2) \qquad |u| \leqslant 1 \tag{4.52}$$

在非参数外推中，将载荷时间历程保存为 From-To 形式的雨流矩阵，对数据点在概率密度函数中的权重进行定义，二维核密度估计式如式(4.53)所示。

$$\hat{f}(y, z) = \frac{1}{n} \sum_{i=1}^{n} \left[g(y - y_i, z - z_i) \right] \tag{4.53}$$

二维核函数通常有高斯核函数和 Epanechnikov 核函数。高斯核函数在 From-To 平面矩阵的投影为圆形或椭圆形，对雨流矩阵的边界形状要求较为苛刻；Epanechnikov 核函数的投影为方形，因其与 64×64 的雨流矩阵形状较为吻合而得到了广泛的应用。

核函数的光滑程度由其带宽 h 决定，带宽对核函数的影响如式(4.54)所示。

$$g(u) = \frac{1}{h} g_h(u) \tag{4.54}$$

当带宽 h 较小时，核函数只对 t 时刻附近的点有强加权作用，此时 $\hat{f}(t)$ 的曲线是非光滑的；当带宽 h 较大时，核函数对相对大的范围内的数据起到平均加权的作用，此时 $\hat{f}(t)$ 的曲线是光滑的。Epanechnikov 核函数的最优带宽如式(4.55)所示。

$$h = 2.4\sigma n^{-\frac{1}{6}}$$

(4.55)

式中，σ 为二维样本标准差中较小值；

　　　n 为样本数量。

工作装置载荷数据中大幅值载荷数量少，小幅值载荷数量多，需要针对不同区域的数据特点确定一个动态的最优带宽，采用 Epanechnikov 核函数的最优带宽初步估计 $\hat{f}(y,z)$，根据随机数据点$(y_i,\ z_i)$计算自适应修正系数，如式(4.56)所示。

$$\psi_i^2 = \frac{f(y_i, z_i)}{\left[\prod_{i=1}^{n} f(y_i, z_i)\right]^{-n}}$$

(4.56)

具有自适应带宽的二维 Epanechnikov 核函数估计样本密度函数如式(4.57)所示。

$$\hat{f}(y, z) = \frac{1}{n} \sum_{i=1}^{n} \left[\frac{1}{\psi_i^2 h^2} \cdot g\left(\frac{y - y_i}{\psi_i h}, \frac{z - z_i}{\psi_i h} \right) \right]$$

(4.57)

4.4.2　采用非参数法编制工作装置载荷谱

不同作业介质下的雨流矩阵起始值及其矩阵区间的分格距离都不相同，故无法对不同介质的雨流矩阵进行直接线性叠加。采用雨流矩阵编辑技术将不同介质下的原始雨流矩阵区间的频次数放置于新矩阵的对应包含区间内，构成具有相同区间分格距离和起始值的新矩阵，如图 4.31 和图 4.32 所示。

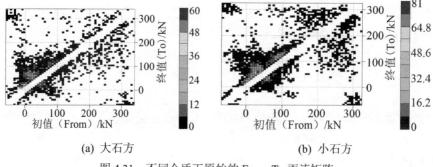

(a) 大石方　　　　　　　　　　(b) 小石方

图 4.31　不同介质下原始的 From-To 雨流矩阵

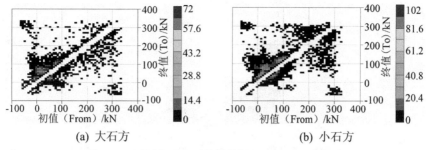

(a) 大石方   (b) 小石方

图 4.32　不同介质下可叠加的新 From-To 雨流矩阵

新矩阵的间隔相比原始矩阵大，区间内频次数增多，即增大了雨流矩阵的计数范围，提高了原始雨流矩阵的相对集中程度。新的雨流矩阵具有相同的初始值和终止值，各分组区间间隔也相同，可实现雨流矩阵的叠加或频次倍数扩展。将各作业介质样本斗数和雨流频次按照时间比例进行频次扩展至 1000 斗的目标样本，ZL50G 型和 LW900K 型装载机 4 种物料扩展系数及扩展后频次结果分别如表 4.9 和表 4.10 所示，各典型作业介质叠加后的 1000 斗目标样本 From-To 雨流矩阵如图 4.33 所示。

表 4.9　ZL50G 型装载机 4 种物料 1000 斗合成样本频次变化

物料	实测斗数	物料占比	扩展前频次	目标斗数	扩展系数	扩展后频次
大石方	95	0.2	4293	200	2.1053	9038
黏土	80	0.4	3202	400	5	16 010
砂子	86	0.2	1823	200	2.3256	4246
小石方	88	0.2	1817	200	2.2727	4130

表 4.10　LW900K 型装载机 4 种物料 1000 斗合成样本频次变化

物料	实测斗数	物料占比	扩展前频次	目标斗数	扩展系数	扩展后频次
大石方	115	0.2	2495	200	1.7391	4339
黏土	200	0.2	3869	200	1	3869
铁矿粉	141	0.2	5296	200	1.4184	7512
小石方	145	0.4	4361	400	2.7586	12 030

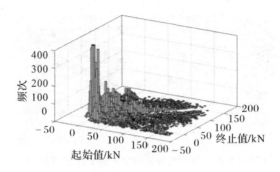

(a) ZL50G 型装载机

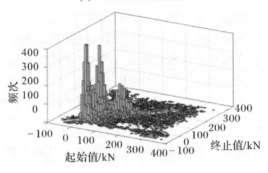

(b) LW900K 型装载机

图 4.33 不同介质合成 1000 斗目标样本 From-To 雨流矩阵结果

在合成目标样本数据中, ZL50G 型和 LW900K 型装载机工作装置载荷总频次分别为 33 624 和 27 570, 进行自适应 Epanechnikov 核函数构造与外推, 将两种型号的装载机工作装置载荷外推至总频次为 10^6 的外推倍数分别为 29.74 和 36.27, 外推后 From-To 雨流矩阵重构转换为 Rang-Mean 雨流矩阵如图 4.34 所示。

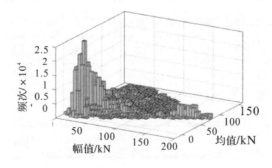

(a) ZL50G 型装载机

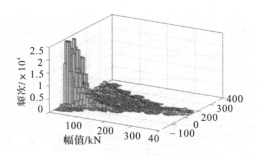

(b) LW900K 型装载机

图 4.34　非参数外推至总频次 10^6 的 Rang-Mean 雨流矩阵结果

对 Rang-Mean 雨流矩阵均值采用等区间划分，高位截取后的幅值采用 Cover 系数非等区间划分，得到基于非参数法编制的 ZL50G 型和 LW900K 型装载机外载荷 8 级二维谱，分别如表 4.11 和表 4.12 所示。

表 4.11　ZL50G 型装载机工作装置非参数法编制的二维载荷谱

		载荷幅值/kN							
		23.1	50.9	78.6	106.3	134.1	157.2	175.7	184.9
载荷均值/kN	−24.9	162 685	1003	0	0	0	0	0	0
	3.6	186 542	22 243	5205	415	0	0	0	0
	32.1	162 994	52 992	14 226	16 617	2837	0	0	0
	60.4	85 243	16 015	14 532	8927	24 061	28 502	3111	0
	88.7	40 842	17 421	11 798	9476	3919	1549	4950	946
	117.2	28 257	9444	13 814	5356	164	0	0	0
	145.6	16 898	10 914	7378	906	0	0	0	0
	174.2	6070	1680	0	0	0	0	0	0

表 4.12　LW900K 型装载机工作装置非参数法编制的二维载荷谱

		载荷幅值/kN							
		45.9	101.2	156.1	211.3	266.4	312.3	349.1	367.4
载荷均值/kN	−58.6	12 182	172	0	0	0	0	0	0
	−10.7	337 068	13 380	2317	13	0	0	0	0
	37.5	252 768	31 371	12 111	1511	483	0	0	0
	85.7	144 206	7260	5226	8554	8056	12 489	4989	0
	133.9	24 521	7697	7793	6971	3147	5450	5051	1906

		载荷幅值/kN							
		45.9	101.2	156.1	211.3	266.4	312.3	349.1	367.4
	182.1	28 177	10 253	6365	1569	8	0	0	0
	230.3	29 602	4098	950	0	0	0	0	0
	278.5	2060	0	0	0	0	0	0	0

　　两种型号装载机工作装置外载荷各作业介质合成1000斗目标样本数据的幅值-累积频次与采用非参数法外推后的幅值-累积频次关系变化如图4.35所示。

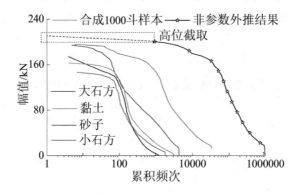

(a) ZL50G 型装载机

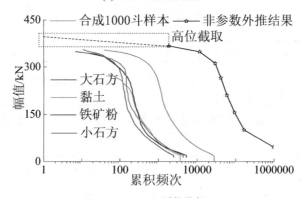

(b) LW900K 型装载机

图4.35　非参数法外推编制载荷谱的幅值与累积频次关系

　　非参数法外推同样实现了载荷幅值和频次的双向外推,与参数法外推相比,非参数法外推的幅值极值载荷大小取决于雨流矩阵中较大幅值载荷处的核函数带宽,弥补了参数法外推中分布拟合对低频次、大载荷影响弱化的不足。

　　在实际作业过程中,按照实际作业时单斗作业循环平均时间进行装载机等效连续作业时间的定义,即单个铲装作业循环平均时间为 60 s。ZL50G 型和 LW900K 型装载机工作装置非参数法外推得到的单个谱块总频次数为 10^6 次的载荷谱,等效装载机连续作业循环斗数分别为 29 740 和 36 270。将每个谱块对应各级频次修正为单谱块等效装载机连续作业 3 万斗,即单个谱块等效装载机连续作业 500 小时。此时,如表 4.11 和表 4.12 所示的 ZL50G 型装载机和 LW900K 型装载机对应的谱块频次修正系数分别为 1.00874 和 0.82713。将频次修正后的载荷谱按照波动中心法进行均值计算,得到 ZL50G 型和 LW900K 型装载机工作装置 8 级载荷谱,分别如表 4.13 和表 4.14 所示。

表 4.13　ZL50G 型装载机工作装置变均值 8 级载荷谱

	第 1 级	第 2 级	第 3 级	第 4 级	第 5 级	第 6 级	第 7 级	第 8 级
幅值/kN	184.9	175.7	157.2	134.1	106.3	78.6	50.9	23.1
级均值/kN	88.7	78.9	61.9	61.7	64.1	76.1	55.1	25.3
作用频次	954	8131	30 314	31 252	42 061	67 538	132 863	695 558

表 4.14　LW900K 型装载机工作装置变均值 8 级载荷谱

	第 1 级	第 2 级	第 3 级	第 4 级	第 5 级	第 6 级	第 7 级	第 8 级
幅值/kN	367.4	349.1	312.3	266.4	211.3	156.1	101.2	45.9
级均值/kN	133.9	109.9	100.3	96.8	107.9	94.9	73.9	40.1
作用频次	1 577	8 304	14 838	9 672	15 400	28 753	61 399	687 001

第五章　基于载荷谱的工作装置疲劳寿命评估

5.1　金属结构疲劳寿命评估理论

5.1.1　结构母材的疲劳性能

应力水平 S 与该应力水平下材料疲劳破坏经历的载荷循环数 N 之间的关系曲线，被称为应力寿命曲线即 S-N 曲线。它准确描述了金属材料和焊接接头的疲劳性能变化规律，搭建了外载荷和疲劳寿命之间的关系桥梁，被用来评价疲劳强度和估算疲劳寿命。材料中不可逆的宏观变形或者微观变形是疲劳损伤的主要表现形式，通常疲劳损伤是不可逆的，即任何材料的 S-N 曲线都表现出广义单调下降的特性。常用幂函数来描述 S-N 曲线的变化规律，如式(5.1)所示。

$$\sigma^m N = C \tag{5.1}$$

式中，σ 为应力循环幅值；

m 和 C 为与材料、载荷施加方式等因素相关的常数。

幂函数模型的对数形式如式(5.2)所示。

$$\lg N = \lg C - m\lg\sigma \tag{5.2}$$

疲劳试验获取的疲劳寿命和应力关系因试验数据的离散性而存在概率性，Q345 材料在不同可靠度下 S-N 曲线的参数值如表 5.1 所示。

表 5.1　材料弯曲疲劳在不同可靠度下 S-N 曲线参数值

材料	试样形式	加工方式		可靠度/%				
				50	90	95	99	99.9
Q345	漏斗形	热轧	$\lg C$	37.7963	33.2235	31.9285	29.5020	26.7791
			m	12.7395	11.0021	10.5100	9.5881	8.5536

5.1.2　疲劳累积损伤理论基础

疲劳累积损伤理论是寿命预测的关键基础，土方机械臂架结构的失效多数情况下是由随机变幅载荷作用下焊缝和结构应力集中处因疲劳损伤累积造成的。疲劳累积损伤理论是研究结构损伤的积累过程，从宏观现象理解损伤，包含疲劳初期过程中材料内部细微结构变化和疲劳后期裂纹的形成和扩展。通常认为，高于疲劳极限的单个应力循环可使材料内部产生损伤量，不同循环应力产生可以积累的损伤量，疲劳累积损伤理论主要研究损伤量的累积方式。

根据损伤累积规律将累积损伤理论分为线性、修正线性和非线性三大类，无论哪一类累积损伤理论，都要解决如下三个问题：① 单个载荷循环对材料或结构产生的损伤量计算方法；② 多个载荷循环对应损伤量的累积方法；③ 材料或结构疲劳破坏时的临界损伤量定义。线性疲劳累积损伤理论认为，不同应力水平下材料或结构产生的损伤是相互独立的，且是可以线性叠加的，当损伤累积到某一数值时构件会发生疲劳破坏。Miner 理论是应用最为广泛的线性疲劳累积损伤理论，当载荷累积损伤量达到疲劳破坏临界损伤值 1 时，构件会发生疲劳破坏。采用两级横幅载荷疲劳试验可以发现，高—低加载顺序下累积损伤临界值小于 1，低—高加载顺序时临界损伤大于 1，采用高—低—高的程序谱加载时，载荷加载顺序对损伤临界值的影响会减弱。

5.1.3　疲劳寿命的预测方法

随机载荷的统计分析、材料或结构的疲劳性能，以及疲劳累积损伤过程等方面的理论和试验研究，为疲劳寿命评估提供了基础。目前工程应用中对于寿命估算的研究方法主要有适用于高周疲劳的名义应力法和适用于低周疲劳的局部应力应变法。

局部应力应变法认为，当疲劳危险部位进入弹塑性状态时，塑性应变成为影响疲劳寿命的主因。假定同种材料制成的构件危险部位最大应力应变时间历程与一个光滑试件的应力应变历程相同，则其疲劳寿命也相同。局部应力应变法是在应变分析和低周疲劳的基础上发展而来的，因此适用于低周疲劳。若将局部应力应变法应用于低应力的高周疲劳，则会使寿命估算误差大且难以控制。其估算寿命基本流程如图 5.1 所示。

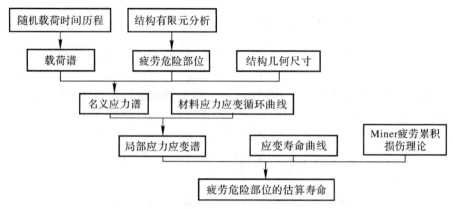

图 5.1　局部应力应变法寿命估算基本流程

名义应力法是将结构疲劳危险部位处的应力集中系数和名义应力作为控制参数，利用 S-N 曲线和疲劳累积损伤理论进行寿命评估。名义应力法假定同材料的构件只要应力集中系数和载荷谱相同，则其疲劳寿命相同。名义应力法的寿命估算基础是 S-N 曲线和对应的名义应力。有平均应力影响时，需要利用 Goodman 模型或者 Geber 模型进行平均应力修正。材料 S-N 曲线修正到结构细节的 S-N 曲线需要考虑疲劳缺口参数、尺寸效应参数、表面质量系数、载荷加载方式系数等诸多因素对疲劳极限的影响。名义应力法寿命估算基本流程如图 5.2 所示。

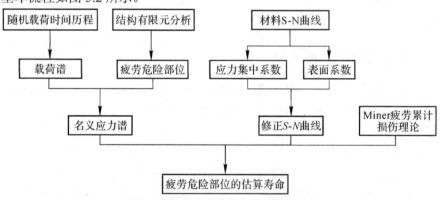

图 5.2　名义应力法寿命估算基本流程

在寿命预测研究中，积累了大量的试验数据和经验分析方法，这些都是名义应力法研究的基础。对于承受近似周期性稳定变化的外载荷且结构应力处在弹性范围内的构件，采用名义应力法能够较为准确地快速获取构件疲劳危险部位的寿命结果。

5.2　工作装置疲劳关注点应力谱编制

5.2.1　工作装置疲劳关注点的选取

装载机工作装置中铲斗与物料直接接触，磨损失效是铲斗的最大破坏方式，且磨损失效发生在疲劳破坏之前。连杆和摇臂结构是金属母材结构，采用大圆弧过渡进行结构设计，在实际使用过程中很少发生疲劳破坏。动臂由动臂板、横梁、摇臂支撑以及销轴套筒等构件焊接或铸造而成，动臂结构在焊接部位和金属母材的应力集中部位常发生疲劳破坏，因此以动臂结构上的疲劳危险点作为工作装置的疲劳关注点。装载机工作装置常见的疲劳破坏位置如图 5.3 所示。

(a) 动臂横梁与摇臂支撑连接处

(b) 动臂板与销轴套筒连接处

图 5.3　装载机工作装置常见疲劳破坏位置

两种型号试验样机工作装置的差异在于动臂横梁与摇臂支撑的连接关系，ZL50G 型装载机动臂横梁与摇臂支撑通过钢板焊接实现固连，而 LW900K 型装载机则通过铸钢铸造实现两者的固连。动臂横梁与摇臂支撑板的连接细部结构如图 5.4 所示。

(a) ZL50G 型装载机　　　　　　　　(b) LW900K 型装载机

图 5.4　动臂横梁与摇臂支撑板的连接细部

承受重复应力循环作用的结构部件，在每一个焊接接头或应力集中处都是一个潜在的疲劳裂纹源。装载机工作装置中包含大量的潜在疲劳初始裂纹源，通常情况下会先检查结构中承受高应力的焊缝区域以及母材结构中明显的应力集中区域。焊接细部结构疲劳源位置：① 焊接接头附近的母材金属中焊缝端头、焊趾处和焊缝方向改变处；② 焊接接头焊缝金属中焊缝根部、焊缝表面和焊缝内部缺陷处。装载机工作装置动臂板、横梁以及横梁耳板等由不同厚度的钢质板材焊接组成，疲劳破坏通常发生在疲劳强度薄弱的焊接部位，焊接部位处的疲劳寿命直接决定了工作装置整体的寿命。

根据 ZL50G 型和 LW900K 型装载机工作装置的结构特点，以及 3.4 节中三种典型姿态下有限元分析结果来确定两种型号装载机工作装置主要的疲劳关注点位置，如表 5.2 所示。

表 5.2　装载机工作装置疲劳关注点位置

装载机型号	编号	疲劳关注点位置
ZL50G	Z-1	动臂板前段大应力处
	Z-2	动臂板与横梁连接后上方焊接大应力处
	Z-3	摇臂支撑与横梁前侧面焊接大应力处
	Z-4	动臂板与车架铰孔销轴衬套外侧焊接大应力处
LW900K	L-1	动臂板前段大应力处
	L-2	动臂板与横梁连接前上方焊接大应力处
	L-3	动臂板与横梁连接后上方焊接大应力处
	L-4	动臂板与车架铰孔销轴衬套外侧焊接大应力处

ZL50G 型和 LW900K 型装载机工作装置主要疲劳关注点结构位置如图

5.5 所示。

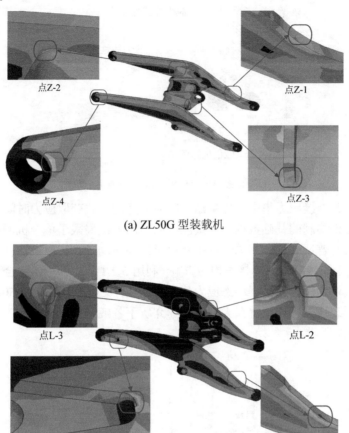

(a) ZL50G 型装载机

(b) LW900K 型装载机

图 5.5　工作装置主要疲劳关注点结构位置

5.2.2　疲劳关注点名义应力时间历程

　　名义应力载荷谱是工作装置疲劳损伤计算和寿命评估的基础，名义应力是需要通过材料力学进行计算的，而工程结构的复杂性超出了材料力学计算能力范围，故常借助有限元分析或通过试验测试来获取。非焊接结构直接提取与结构长度方向一致的表面应力作为名义应力，焊接结构处在避开应力非线性增大区域后，选择焊缝应力方向上板厚 2.2 倍位置处与焊缝垂直方向的表面应力作为名义应力，如图 5.6 所示。

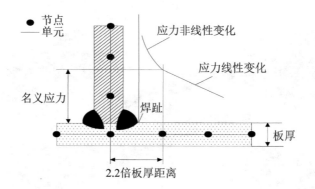

图 5.6　工作装置细部结构名义应力的确定示意图

　　采用避开焊缝应力集中部位粘贴电阻应变片的方式获取应力时间历程作为名义应力谱编制的基础数据，直接测试应力的方法局限于单一机型的细部结构，不具有普适性。本书第二章中获取了铲斗与动臂铰点以及连杆的载荷历程，不受工作装置细部焊接结构的影响。利用 3.2.1 节中的刚柔耦合动力学模型对装载机工作装置进行动态应力仿真，提取名义应力，其中 ZL50G 型和 LW900K 型装载机工作装置在大石方作业介质下各疲劳关注点名义应力时间历程如图 5.7 所示。

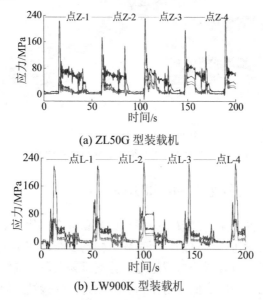

(a) ZL50G 型装载机

(b) LW900K 型装载机

图 5.7　大石方作业介质下装载机工作装置疲劳关注点名义应力变化曲线图

5.2.3 疲劳关注点名义应力载荷谱

对选取的疲劳关注点名义应力时间历程数据进行峰谷值抽取和小波处理编辑，并进行雨流计数，将对应物料雨流频次乘表 4.9 和表 4.10 中的扩展系数，可得到 ZL50G 型和 LW900K 型装载机工作装置各疲劳关注点应力按照物料时间比例合成的 1000 斗目标样本扩展频次，分别如表 5.3 和表 5.4 所示。

表 5.3 ZL50G 型装载机疲劳关注点 4 种物料 1000 斗合成样本频次变化

物料	实测斗数	雨流计数频次				扩展系数	扩展后频次			
		Z-1	Z-2	Z-3	Z-4		Z-1	Z-2	Z-3	Z-4
大石方	95	2 755	2 754	2 616	3 477	2.1053	5 800	5 798	5 507	7 320
黏土	80	1 556	1 585	1 410	2 680	5	7 878	8 025	7 139	13 400
砂子	86	1 100	1 114	1 000	2 211	2.3256	2 558	2 591	2 326	5 142
小石方	88	1 192	1 186	1 124	1 952	2.2727	2 709	2 695	2 555	4 436

表 5.4 LW900K 型装载机疲劳关注点 4 种物料 1000 斗合成样本频次变化

物料	实测斗数	雨流计数频次				扩展系数	扩展后频次			
		L-1	L-2	L-3	L-4		L-1	L-2	L-3	L-4
大石方	115	1 213	1 192	893	2 189	1.7391	2 110	2 073	1 553	3 807
黏土	200	1 841	1 836	1 425	3 426	1	1 841	1 836	1 425	3 426
铁矿粉	141	1 729	1 727	1 278	3 287	1.4184	2 452	2 450	1 813	4 662
小石方	145	1 931	1 930	1 532	2 710	2.7586	5 327	5 324	4 226	7 476

采用 4.4 节中非参数法外推编制载荷谱的方法，先将每个疲劳关注点的载荷总频次外推至 10^6 次，由应力时间历程雨流计数得到的最大幅值或均值对外推载荷谱结果进行高位截取，按照波动中心法将 ZL50G 型和 LW900K 型装载机工作装置二维谱转换为变均值 8 级均幅值谱，应力幅值按照 Cover 系数进行划分。根据外推倍数将载荷谱频次修正为等效装载机连续作业 3 万斗即 500 小时，两种装载机应力谱结果分别如表 5.5 和表 5.6 所示。

表 5.5　ZL50G 型装载机不同疲劳关注点的变均值名义应力谱

		第1级	第2级	第3级	第4级	第5级	第6级	第7级	第8级
Z-1	均值/MPa	121.72	126.91	126.40	129.12	140.34	146.80	98.86	57.89
	幅值/MPa	198.93	189.01	169.07	144.21	114.35	84.54	54.70	24.86
	频次	1091	7434	11 635	23 576	56 891	69 406	139 231	884 936
Z-2	均值/MPa	38.13	36.49	32.32	30.75	28.83	28.02	22.57	19.14
	幅值/MPa	40.64	38.64	34.56	29.48	23.38	17.28	11.18	5.09
	频次	505	8997	56 302	30 949	38 237	45 645	186 069	624 893
Z-3	均值/MPa	38.05	32.85	32.59	32.22	30.36	24.07	20.56	14.68
	幅值/MPa	52.80	50.16	44.88	38.28	30.36	22.44	14.52	6.60
	频次	466	4322	7511	37 343	49 944	54 097	185 405	864 247
Z-4	均值/MPa	49.05	45.38	39.55	48.62	42.45	38.15	31.70	27.77
	幅值/MPa	63.97	60.77	54.37	46.38	36.78	27.19	17.59	8.00
	频次	768	4141	30 478	68 036	51 209	56 037	160 338	618 405

表 5.6　LW900K 型装载机不同疲劳关注点的变均值名义应力谱

		第1级	第2级	第3级	第4级	第5级	第6级	第7级	第8级
L-1	均值/MPa	78.56	78.74	89.79	83.14	84.19	102.91	84.44	74.82
	幅值/MPa	181.45	172.42	154.26	131.55	104.36	77.13	49.91	22.69
	频次	529	3 367	58 242	30 099	39 654	45 021	135 940	622 482
L-2	均值/MPa	21.36	22.39	22.97	21.74	22.76	21.56	17.36	14.62
	幅值/MPa	45.22	42.97	38.42	32.78	26.00	19.22	12.44	5.65
	频次	472	4 035	80 197	16 922	19 814	38 392	118 941	597 513
L-3	均值/MPa	23.31	21.89	21.42	19.79	18.90	17.10	12.14	10.05
	幅值/MPa	40.15	38.16	34.14	29.12	23.10	17.07	11.05	5.02
	频次	455	4178	46 190	33 307	21 890	29 489	108 343	750 078
L-4	均值/MPa	38.82	39.76	39.45	39.06	38.08	37.94	29.67	25.71
	幅值/MPa	81.73	77.63	69.46	59.24	47.00	34.73	22.48	10.22
	频次	587	4 372	5 325	7 835	28 078	29 077	160 947	759 061

5.3　工作装置疲劳损伤计算方法分析

5.3.1　平均应力对疲劳损伤的影响

对金属结构疲劳寿命评估而言，起决定作用的是结构应力循环的幅值变程，平均应力的影响次于应力幅值，这在金属母材中特别重要。对非焊接的金属材料构件，在应力幅值恒定时，平均应力为压应力时有益于疲劳寿命，平均应力为拉应力时则会降低疲劳寿命，因此在进行非焊接结构疲劳关注点的疲劳损伤计算和寿命评估时，需要考虑平均应力的影响。

对于焊接构件而言，由于焊接残余应力的存在，平均应力对焊接细部结构疲劳寿命评估与非焊接结构有本质上的差异。焊接结构中存在高于材料屈服强度的焊接残余应力，英国焊接研究所的焊接接头试验结果表明，无论焊接残余应力在焊接接头上的分布如何，焊趾处的残余应力值均已达到材料屈服强度，应力比的影响很微小。不同应力比下施加相同的幅值应力，应力总是从屈服点向下摆动，如图 5.8 所示。

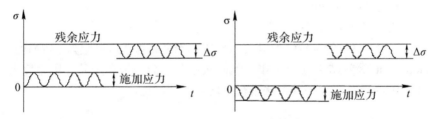

图 5.8　焊接残余应力的影响

不同的应力比(平均应力)的试验数据结果都在一条窄带内，如图 5.9 所示。

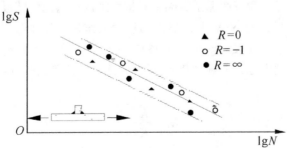

图 5.9　不同应力比对焊接疲劳试验结果影响

在残余应力的影响下，应力比参数大小对焊接细部寿命评估的影响可以忽略不计。国际焊接界对焊接结构疲劳评估采用了与平均应力无关的应力变化范围，即采用应力幅值参数来进行损伤计算。残余应力的影响被包含在诸如 BS7608 和 IIW 等标准中提供的焊接接头 S-N 曲线数据中，忽略平均应力的影响，直接利用雨流计数的应力幅值进行损伤计算和寿命评估，这也是焊接疲劳与金属材料疲劳的最大差异。

对 Z-1 和 L-1 两个非焊接疲劳关注点进行等效应力的修正，将非对称循环的应力谱修正为对称循环的应力谱，常用的应力等效方法有 Goodman 等效和 Gerber 等效方法，分别如式(5.3)和式(5.4)所示。

$$S_{eqv} = \frac{S_a}{\left[1-\left(S_m/\sigma_b\right)\right]} \tag{5.3}$$

$$S_{eqv} = \frac{S_a}{\left[1-\left(S_m^2/\sigma_b^2\right)\right]} \tag{5.4}$$

式中，S_{eqv} 为等效应力幅值；

S_a 为名义应力幅值；

S_m 为名义应力均值；

σ_b 为相关材料的抗拉强度极限，Q345 材料的抗拉强度极限为 586 MPa。

Goodman 等效结果过于保守，因而从疲劳寿命分析和产品应用角度考虑，可选择 Gerber 应力等效方法进行平均应力的修正。

5.3.2 非焊接细部结构疲劳损伤的计算

材料的 S-N 曲线和疲劳极限是通过光滑标准试样试验获得的，而构件细部结构的形状、尺寸和表面加工等因素对构件细部结构的疲劳极限会产生影响，需要将金属材料的 S-N 曲线修正为包含工作装置构件局部细节特征的 S-N 曲线。由尺寸系数 K_ε、表面加工系数 K_β 和疲劳缺口系数 K_f 的经验公式选择合理数值，利用综合影响系数 K_σ 进行修正，如式(5.5)所示。

$$K_\sigma = \frac{K_f}{\frac{K_\varepsilon+1}{K_\beta-1}} \tag{5.5}$$

运用综合影响系数将光滑的材料试件 S-N 曲线修正为构件细部结构

的 S-N 曲线，即 S 为构件细部结构上的名义应力，S_c 为作用于光滑标准试样上的名义应力，得到修正后构件细部结构的 S-N 曲线，如式(5.6)和式(5.7)所示。

$$S_c^m N = \left(S \cdot K_\sigma\right)^m N = C \tag{5.6}$$

$$\lg(N) = \lg(C) - m \cdot \lg(S) - m \cdot \lg(K_\sigma) \tag{5.7}$$

构件细部结构的 S-N 曲线相对于光滑标准试样的 S-N 曲线，在斜率不变的前提下，在双对数坐标系中整体下移了 $S_c(1 - 1/K_\sigma)$ 的距离。

依据不同的表面粗糙度，对 16Mn 结构件表面加工系数 K_β 进行试验，所得的表面加工系数结果如图 5.10 所示。

装载机工作装置所处作业环境无腐蚀、结构表面未强化且表面光滑，参照精车标准在图 5.10 中确定非焊接疲劳关注点 Z-1 和 L-1 处结构的表面加工系数为 0.96。

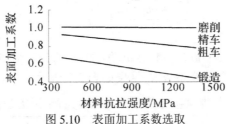

图 5.10　表面加工系数选取

对于结构尺寸影响系数 K_ε 和疲劳缺口影响系数 K_f，苏联科学家 КАГАЕВ 提出了相对应力梯度法的经验公式，如式(5.8)所示。

$$\frac{K_\varepsilon K_t}{K_f} = 0.5 \times \left[1 + \left(\frac{1}{88.1} \cdot \frac{L_\sigma}{\partial_\sigma}\right)^{-v_\sigma}\right] \tag{5.8}$$

式中，K_t 为理论应力集中系数；

　　　L_σ 为细部结构处最大应力长度，单位 mm；

　　　∂_σ 为细部结构的相对应力梯度，单位 mm^{-1}；

　　　v_σ 为材料常数，碳钢取 0.1~0.18，合金钢取 0.04~0.12。

对于理论应力集中系数 K_t，将关注点 Z-1 和 L-1 处的细节结构视为带台肩圆角的板形零件来计算理论应力集中，如图 5.11 所示。

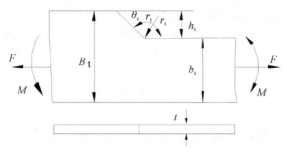

图 5.11　带台肩圆角的板形零件理论应力集中系数各参数示意图

理论应力集中系数 K_t 和相对应力梯度 ∂_σ 分别如式(5.9)和式(5.10)所示。

$$K_t = 1 + \left\{ \frac{1 - \exp\left[-0.9\sqrt{\dfrac{B_t}{h_t}}(\pi - \theta_t) \right]}{1 - \exp\left(-0.9\pi\sqrt{\dfrac{B_t}{4h_t}} \right)} \right\} \cdot \left[\frac{1}{5.37\left(\dfrac{B_t}{b_t}\right) - 4.8} \cdot \frac{h_t}{r_t} \right]^{0.85} \quad (5.9)$$

$$\partial_\sigma = \frac{2\left[1 + \dfrac{1}{4\sqrt{h_t/r_t + 2}} \right]}{r_t} + \frac{2}{b_t} \quad (5.10)$$

ZL50G 型和 LW900K 型装载机动臂板前端台肩细节尺寸以及两个非焊接疲劳关注点的综合影响系数 K_σ 结果如表 5.7 所示。

表 5.7　非焊接疲劳关注点的综合影响系数及相关参数

关注点	尺寸参数					其他参数		∂_σ	K_t	K_g/K_f	K_σ
	B_t/mm	b_t/mm	h_t/mm	r_t/mm	θ_t	v_σ	L_σ/mm				
Z-1	258	239	19	300	0.2793	0.01	30	0.0173	1.097	0.7943	1.301
L-1	499	472	27	200	0.4538	0.01	32	0.0171	1.204	0.7095	1.451

利用综合影响系数和式(5.7)将构件材料的 S-N 曲线修正为构件细部结构的 S-N 曲线,根据非焊接结构疲劳关注点的名义应力谱计算对应的疲劳损伤。非焊接疲劳关注点 Z-1 和 L-1 处用于疲劳损伤计算的具有 50%可靠度的 S-N 曲线分别如式(5.11)和式(5.12)所示。

$$\lg N_{50\%} = 36.3405 - 12.7395 \cdot \lg S \quad (5.11)$$

$$\lg N_{50\%} = 35.7367 - 12.7395 \cdot \lg S \quad (5.12)$$

确定了非焊接疲劳关注点处的 S-N 曲线，将表 5.5 和表 5.6 中所示的非焊接疲劳关注点 Z-1 和 L-1 的名义应力谱进行 Gerber 平均应力修正，可得非焊接关注点疲劳损伤计算结果，如表 5.8 所示。

表 5.8　非焊接疲劳关注点的名义应力载荷谱各级损伤

关注点	疲劳损伤/10^{-2}								
	第 1 级	第 2 级	第 3 级	第 4 级	第 5 级	第 6 级	第 7 级	第 8 级	总和
Z-1	0.0168	0.0628	0.0236	0.0065	0.0009	0.00003	0	0	0.1106
L-1	0.0073	0.0242	0.1090	0.0071	0.0005	0.00001	0	0	0.1481

5.3.3　焊接细部结构疲劳损伤的计算

焊接结构的疲劳损伤计算相对较复杂，原因有：焊接过程的复杂性导致焊接缺陷难于实施有效控制；焊接缺陷的离散性、不确定性导致损伤结果难于估计；焊接过程中任何一个相关因素的微小变化对疲劳损伤的影响极其敏感，这种高敏感性导致疲劳损伤难于精确估计；即使是采取热处理的方法也难以消除焊接残余应力，由于焊缝实际受力状态的多样性，其效果也不能一概而论；焊接疲劳损伤计算需要焊接接头的疲劳试验数据，在数据匮乏时需要考虑确定合适的焊接疲劳损伤评估方法标准。

焊接结构抗疲劳设计中基于名义应力法的疲劳强度评价标准，主要来自于英国的 BS 标准和国际焊接学会的 IIW 标准，都考虑了局部应力集中、最大允许的不连续尺寸形状因素、应力方向、疲劳裂纹形状以及焊接工艺、焊后处理等因素，采用应力范围和对应的循环数作为疲劳损伤计算的基础。在细节结构形状和应力方向一致的前提下，可以利用标准中提供的焊接接头 S-N 曲线和名义应力谱进行疲劳损伤计算，只要被评估的焊接疲劳区域接头形式落入标准中提供的数据库，所得的疲劳损伤和寿命预测结果就是合理的，这为装载机工作装置焊接结构疲劳关注点损伤计算提供了依据。

BS 标准对变幅载荷作用下的寿命评估，以 $N = 10^7$ 循环数对应的应力值为拐点，提供了 2 种斜率形式，S-N 曲线没有截止水平线，现有研究表明，极小载荷的损伤量可以忽略不计，这里对 BS 标准增加截止水平线 $N=10^8$。IIW 标准中，在变幅载荷作用下的寿命评估过程中，以 $N = 5 \times 10^6$ 循环数为拐点，提供了两种斜率形式，S-N 曲线存在截止水平线 $N = 10^8$。两种标准中 S-N 曲线变化如图 5.12 所示，其中 m 值取 3。

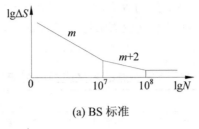

(a) BS 标准

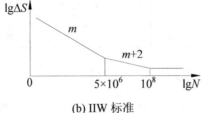

(b) IIW 标准

图 5.12　焊接疲劳相关标准中的 S-N 曲线

由焊接接头 S-N 曲线可得应力范围 ΔS_i 时疲劳损坏的循环次数 N_i，如式 (5.13) 所示。

$$N_i = \begin{cases} \dfrac{C_1}{(\Delta S_i)^m} & \Delta S_1 \leqslant \Delta S_i \\[3mm] \dfrac{C_2}{(\Delta S_i)^{m+2}} & \Delta S_2 \leqslant \Delta S_i < \Delta S_1 \end{cases} \qquad (5.13)$$

式中，ΔS_1 和 ΔS_2 为焊接接头 S-N 曲线两个拐点对应的疲劳强度值；

C_1 和 C_2 为常数。

应力范围 ΔS 的作用频次为 n_i 时，对应的疲劳损伤 D_i 如式 (5.14) 所示。

$$D_i = \frac{n_i}{N_i} \qquad (5.14)$$

根据焊接疲劳关注点的细部特征来选择接头类型以及等级，确定式 (5.13) 中的未知参数及对应的 S-N 曲线，根据应力范围进行疲劳损伤的评估。

(1) BS 标准：2014 标准将给定的焊接细部划分为 B、C、D、E、F、F2、G、G2、W1、X、S1、S2、TJ 共 13 个等级，将其作为疲劳损伤计算的依据，该标准提供的轧制钢、结构钢板和组合件等焊接结构细部构造类型中，与两种型号装载机工作装置焊接疲劳关注点结构细节最为接近的类型及其等级如表 5.9 所示。

表 5.9　BS 标准中钢制焊接结构细节及其等级

关注点	对应焊接结构细节	焊接细节说明	对应等级
Z-2		角焊缝位于管件上的焊趾处	F
Z-3	无对应细节	标准中对没有的焊接接头细节，推荐采用 G 等级进行疲劳损伤的评估	G
Z-4		潜在裂纹在连接穿透件的对接焊缝，位于受力件上的焊趾处，插透件长度大于 150 mm，焊缝距离边界不小于 10 mm	F2
L-2		焊趾处潜在裂纹，角焊缝或部分熔透焊缝	F
L-3		十字接头或 T 形接头部分焊透的对接焊缝或角焊缝，咬边打磨	F2
L-4		潜在裂纹在短附件上的焊趾或者端部，焊缝距离边界不小于 10 mm	F

（2）IIW 标准：XIII-1539-96 标准按照焊接细部结构类型划分为 25 个等级，并用"FAT+数字"表示，与两种型号装载机工作装置焊接结构保持一致的细节及其相应等级如表 5.10 所示。

表 5.10　IIW 标准中钢制焊接结构细节及其等级

关注点	对应焊接结构细节	焊接细节说明	FAT 等级
Z-2		单面对接焊缝或双面角焊缝连接的构件与管件接头	50
Z-3		十字或 T 形接头，角焊缝，接头错位 $l_e<0.5l_h$，无层状撕裂，无焊趾裂纹	63
Z-4		管接头或插入平板内的管件，角焊缝	71
L-2、L-3		管形构件直接焊于平板上，保留根部焊道	63
L-4		纵向非承载附件，纵向角焊，附板不靠近板边缘，连接板长度小于 150 mm	71

　　工作装置焊接疲劳关注点对应等级焊接接头损伤计算参数如表 5.11 所示。

表 5.11　焊接标准中不同等级计算疲劳损伤的参数值

焊接标准	等级	C_1	ΔS_1/MPa	C_2	ΔS_2/MPa
BS 标准	F	1.726×10^{12}	55.7	1.024×10^{15}	35.1
	F2	1.231×10^{12}	49.8	5.252×10^{14}	31.4
	G	5.656×10^{11}	38.4	2.051×10^{14}	24.2
IIW 标准	71	7.158×10^{11}	52.3	1.959×10^{15}	28.7
	63	5.001×10^{11}	46.4	1.078×10^{15}	25.5
	56	3.512×10^{11}	41.3	5.980×10^{14}	22.7
	50	2.500×10^{11}	36.8	3.393×10^{14}	20.2

　　标准中的焊接接头疲劳数据是基于一定条件下通过试验获得的，当实际问题的条件与其不一致时，理论上需要进行相应的修正。然而，由于焊接残

余应力的存在，BS 标准和 IIW 标准对数据的修正都很保守，只有在极其特殊的情况下才考虑是否进行修正。除了有足够证据表明厚度对接头的疲劳强度没有影响，否则在焊趾处产生疲劳裂纹的接头的疲劳强度随板厚的增加而降低时，需要考虑板厚对疲劳强度的影响。

对于装载机工作装置，引入板厚影响系数 k_p 对疲劳强度进行修正，并将修正前后的损伤、寿命预测结果与试验结果进行对比，从而明确板厚的影响，疲劳强度修正如式(5.15)所示。

$$\Delta S = k_p \cdot \Delta S_b = \left(\frac{l_b}{l_p} \right)^{\tau} \cdot \Delta S_b \tag{5.15}$$

式中，l_b 为板厚标准值，BS 标准取 16 mm，IIW 标准取 25 mm；

l_p 为实际板厚，单位 mm；

τ 为板厚指数，BS 标准取 0.25，IIW 标准取 0.2；

ΔS_b 为标准板厚时的疲劳强度；

ΔS 为实际板厚为 l_p 时的疲劳强度。

根据 ZL50G 型和 LW900K 型装载机工作装置焊接疲劳关注点位置处的板材厚度，计算两种标准下的板厚影响系数 k_p 如表 5.12 所示。

表 5.12　焊接疲劳关注点板厚影响系数

		ZL50G 型装载机			LW900K 型装载机		
		Z-2	Z-3	Z-4	L-2	L-3	L-4
板厚/mm		24	26	48	30	35	28
板厚系数	BS 标准	0.9036	0.8857	0.7598	0.8546	0.8223	0.8694
	IIW 标准	1	0.9922	0.8778	0.9642	0.9349	0.9776

BS 标准利用板厚影响系数对疲劳关注点处对应等级的疲劳强度进行修正，得到疲劳关注点处考虑板厚因素的 S-N 曲线，双对数坐标系下修正后的 S-N 曲线保持各段斜率不变且整体下移了 $\lg[(1-k_p)\Delta S_b]$，对于 BS 标准取 $N = 10^7$ 时的疲劳强度作为 ΔS_b 的值。修正前后 S-N 曲线如图 5.13 所示。

IIW 标准利用板厚影响系数对疲劳关注点处对应等级的疲劳强度进行修正，标准中规定将板厚影响系数与 FAT 等级值相乘，得到最接近一级的 FAT 等级参数进行焊接疲劳关注点处的损伤计算。

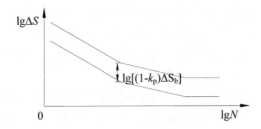

图 5.13　BS 标准考虑板厚影响系数修正前后的 S-N 曲线变化

两种型号装载机工作装置在不同疲劳关注点处采用板厚影响系数修正后用于计算疲劳损伤的参数值如表 5.13 所示。

表 5.13　采用板厚影响系数修正后计算疲劳损伤的参数值

焊接标准	参数	关注点					
		Z-2	Z-3	Z-4	L-2	L-3	L-4
BS	$(1-k_p)\Delta S_b$/MPa	4.80	4.39	11.14	8.10	8.85	7.27
	C_1	2.564×10^{11}	2.805×10^{11}	1.550×10^{11}	2.131×10^{11}	1.391×10^{11}	2.373×10^{11}
	ΔS_1/MPa	44.9	34.1	38.7	47.6	40.9	48.4
	C_2	1.094×10^{14}	4.673×10^{13}	9.192×10^{13}	1.264×10^{14}	5.934×10^{13}	1.408×10^{14}
	ΔS_2/MPa	26.6	19.8	20.3	27.0	22.5	27.8
IIW	FAT	50	56	56	56	56	63
	C_1	2.500×10^{11}	3.512×10^{11}	3.512×10^{11}	3.512×10^{11}	3.512×10^{11}	5.001×10^{11}
	ΔS_1/MPa	36.8	41.3	41.3	41.3	41.3	46.4
	C_2	3.393×10^{14}	5.980×10^{14}	5.980×10^{14}	5.980×10^{14}	5.980×10^{14}	1.078×10^{15}
	ΔS_2/MPa	20.2	22.7	22.7	22.7	22.7	25.5

利用上表中的数据可以确定焊接疲劳关注点的分段 S-N 曲线方程,将表 5.5 和表 5.6 所示名义应力载荷谱的幅值作为损伤计算的名义应力值。由式 (5.13) 和式 (5.14) 分级计算焊接疲劳关注点的损伤,对于低于疲劳水平截止线应力 ΔS_2 的名义应力幅值可认为不产生疲劳损伤,将各级疲劳损伤叠加得到总损伤结果,如表 5.14 所示。

表 5.14　焊接疲劳关注点的名义应力载荷谱损伤结果

焊接标准	焊接关注点疲劳损伤					
	Z-2	Z-3	Z-4	L-2	L-3	L-4
BS	0.0424	0.0462	0.1292	0.0285	0.0315	0.0471
IIW	0.0134	0.0154	0.0590	0.0127	0.0075	0.0273

　　将上表中采用两种标准计算的焊接疲劳关注点损伤结果进行对比分析，如图 5.14 所示。

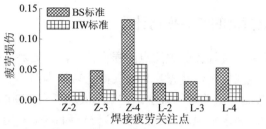

图 5.14　基于实测应力谱的不同评价方法损伤对比

　　由图 5.14 可得，在装载机工作装置焊接疲劳关注点中，动臂与车架铰接孔附近的焊缝处损伤值较大，属于结构疲劳薄弱位置。在等效连续作业时间相同的应力谱作用下，LW900K 型装载机工作装置疲劳关注点的损伤值整体小于 ZL50G 型装载机，即在典型作业介质下 LW900K 型装载机工作装置结构疲劳性能优于 ZL50G 型装载机。同一疲劳关注点处，BS 标准疲劳评价方法计算的损伤结果相比 IIW 标准更大，表明 BS 标准在装载机工作装置疲劳损伤计算和寿命评估中相对保守。焊接结构的 BS 标准和 IIW 标准均以线性累积损伤理论作为寿命评估的基础，不同标准中考虑的焊接疲劳因素不同，但都提供了工程中常用的、基本的焊接接头疲劳性能数据，两种疲劳评价标准对装载机工作装置的适用性还需要通过疲劳试验进行验证。

5.4　当量外载荷谱的损伤修正及寿命评估

　　直接采用先在疲劳关注点进行贴片试验测试或测外载荷进行应力提取得到应力谱，然后再进行损伤计算和疲劳寿命评估是最有效的方法。然而装载机工作装置结构形状复杂，包含了焊接和非焊接的细部结构，这类大型构件存在较多数目的疲劳关注点，且疲劳破坏位置具有一定的随机性，很难准确定位疲劳破坏位置，采用实测应力谱只能对构件的有限个点进行损伤计算和寿命评估。同型号装载机产品改进后带来了结构细节上的改变，这样就需要重新进行应力测试与应力谱编制才能实现损伤计算，但是不可能对每一次细节的改进都进行试验测试和应力谱的编制，而且准确地识别出装载机工作装置疲劳危险点也是相当困难的。利用满足精度要求的工作装置当量外载荷谱则可以避免上述问题，第四章中利用动臂截面弯矩等效的方法得到的装载机工作装置外载荷当量载荷谱，只与装载机铲斗结构形式以及作业物料有关，不局限于工作装置构件的细部结构，采用当量载荷谱进行疲劳损伤计算则可实现不同结构形式下的多点疲劳评估。

5.4.1　基于外载荷谱的疲劳损伤计算

　　基于当量外载荷谱进行疲劳关注点的损伤计算，需要利用外力以结构应力传递函数关系将装载机工作装置当量外载荷谱转换为结构名义应力谱。在4.2 节中利用动臂截面弯矩等效的方法确定 ZL50G 型和 LW900K 型装载机工作装置当量外力方向与水平地面的夹角分别为 58°和 65°。利用基于弯矩等效的外载荷当量模型和摇臂铰点载荷的损伤一致，确定了 ZL50G 型装载机和LW900K 型装载机外载荷当量时工作装置的姿态，即装载机铲斗底板与水平面的夹角度数分别为 30.5°和 33.4°。ZL50G 型和 LW900K 型装载机工作装置疲劳试验和寿命评估时的固定姿态如图 5.15 所示。

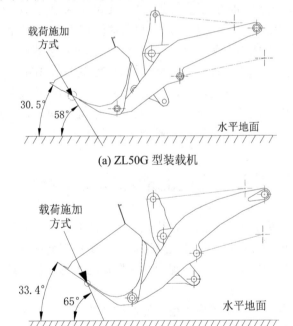

(a) ZL50G 型装载机

(b) LW900K 型装载机

图 5.15　工作装置疲劳分析时的姿态

　　建立固定姿态下 ZL50G 型和 LW900K 型装载机工作装置有限元模型，分别施加 100 kN 和 200 kN 的当量外载荷，有限元计算结果如图 5.16 所示。

(a) ZL50G 型装载机

(b) LW900K 型装载机

图 5.16　工作装置当量外载荷下结构应力云图

将名义应力(单位 MPa)与外载荷(单位 kN)的比值作为载荷与应力的传递系数，采用子模型法对有限元结果进行名义应力提取，确定固定姿态下 ZL50G 型和 LW900K 型两种型号装载机工作装置疲劳关注点的传递系数如表 5.15 所示。

表 5.15　装载机工作装置疲劳关注点的传递系数

关注点	Z-1	Z-2	Z-3	Z-4	L-1	L-2	L-3	L-4
外载荷/kN	100	100	100	100	200	200	200	200
结构名义应力/MPa	106.63	22.83	26.85	37.42	101.18	38.43	26.24	39.71
传递系数/(MPa/kN)	1.0663	0.2283	0.2685	0.3742	0.5059	0.1487	0.1312	0.1986

利用外载荷与结构关注点名义应力的传递系数将表 4.13 和表 4.14 中等效 ZL50G 型和 LW900K 型装载机载机连续作业 500 小时的外载荷谱转换为疲劳关注点的名义应力谱，非焊接疲劳关注点仍采用 Geber 法进行平均应力的修正，焊接结构疲劳关注点的名义应力直接选取应力幅值参数，由表 5.13 中的 S-N 曲线数据得到 ZL50G 型和 LW900K 型装载机工作装置疲劳关注点基于外载荷谱的损伤结果，如表 5.16 所示。

表 5.16　基于外载荷谱的疲劳关注点损伤结果

	关注点疲劳损伤							
	Z-1	Z-2	Z-3	Z-4	L-1	L-2	L-3	L-4
金属母材	0.000944	—	—	—	0.001334	—	—	—
BS 标准	—	0.0375	0.0412	0.1156	—	0.0267	0.0271	0.0436
IIW 标准	—	0.0116	0.0143	0.0517	—	0.0110	0.0069	0.0257

对比表 5.8、表 5.14 和表 5.16，可得疲劳关注点处基于名义应力载荷谱和当量外载荷谱所得的损伤结果误差如图 5.17 所示。

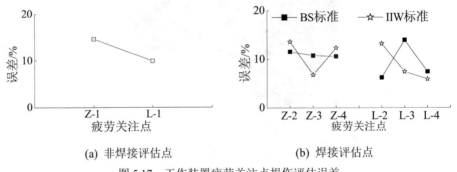

(a) 非焊接评估点　　　　　　　　　(b) 焊接评估点

图 5.17　工作装置疲劳关注点损伤评估误差

由当量外载荷谱计算的损伤与疲劳关注点应力时间里程编制的应力谱计算得到的损伤结果较为接近，ZL50G 型和 LW900K 型装载机工作装置 8 个关注点的损伤值误差都在 5%～15%的范围内。应力谱损伤值大于外载荷谱损伤值，这是因为载荷谱只考虑了正载这一主因，应力谱则考虑了正载和偏载两个因素，损伤结果表明直接利用外载荷谱进行工作装置疲劳寿命评估所得的实际结果将要比实际疲劳寿命大 5%～15%。装载机工作装置结构疲劳寿命评估对于这样的误差范围是可以接受的，即利用外载荷谱预测装载机工作装置的疲劳寿命是合理且可靠的。为了进一步提高基于外载荷的疲劳寿命评估结果精度，需要按照损伤一致性原则对当量载荷谱进行载荷谱修正。

5.4.2　载荷谱损伤一致性的校验与修正

将结构疲劳关注点的应力谱损伤作为参考基础，利用应力谱与载荷谱计算的损伤结果对比进行载荷谱损伤校验，即校验载荷谱计算的疲劳损伤与实际是否一致。若一致，则可以直接利用载荷谱进行寿命评估和疲劳试验；若不一致，则需要通过修正系数使载荷谱更为合理、准确。对装载机工作装置当量外载荷谱进行损伤一致性校验分析，其校验流程如图 5.18 所示。

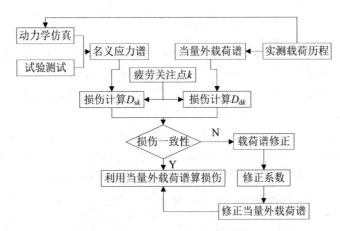

图 5.18　当量外载荷谱的损伤校验流程图

　　将应力谱计算得到的损伤定义为 D_{sk}，当量外载荷谱计算得到的损伤定义为 D_{dk}，k 取 1～4，分别表示关注点 Z-1～Z-4 或 L-1～L-4 的损伤值。修正后载荷谱损伤计算如式(5.16)所示。

$$D_{ck} = \sum_{i=1}^{8} \left[\frac{n_{ik} \left(\gamma S_{ik} \right)^{m_k}}{C_k} \right] \tag{5.16}$$

式中，D_{ck} 为第 k 个关注点修正载荷谱的损伤；

　　　　n_{ik} 为第 k 个关注点外载荷谱中第 i 级的频次；

　　　　γ 为载荷谱损伤修正系数；

　　　　S_{ik} 为第 k 个关注点外载荷谱中第 i 级的名义应力；

　　　　m_k 和 C_k 为表 5.13 中第 k 个关注点疲劳寿命计算用 S-N 曲线参数。

　　对于 ZL50G 型或 LW900K 型装载机工作装置疲劳关注点的损伤，可采用一致性准则进行修正，可以转换为求解 4 个关注点修正后载荷谱损伤与代表实际工况的应力谱损伤的差值之和最小，如式(5.17)所示。

$$\min \left\{ \sum_{k=1}^{4} \left(D_{ck} - D_{sk} \right)^2 \right\} = \min \left\{ \sum_{k=1}^{4} \left[\sum_{i=1}^{8} \frac{n_{ik} \left(\gamma S_{ik} \right)^{m_k}}{C_k} - \sum_{j=1}^{8} \frac{n_{jk} \left(S_{jk} \right)^{m_k}}{C_k} \right]^2 \right\} \tag{5.17}$$

式中，n_{jk} 和 S_{jk} 分别为第 k 个关注点名义应力谱中第 j 级的频次和名义应力。

　　进行疲劳寿命预测和可靠性评估的外载荷谱需要满足的基本条件是，修正后的外载荷谱计算的损伤值不低于工作装置疲劳关注点实际工作过程中产生的损伤值，即满足条件如式(5.18)所示。

$$D_{ck} \geqslant D_{sk} \tag{5.18}$$

利用前文分析中的等效应力和损伤计算结果，将式(5.18)作为约束条件对式(5.17)所示的修正函数在 Matlab 中进行求解，得到 ZL50G 型和 LW900K 型装载机工作装置当量外载荷谱的损伤一致性修正系数，分别为 1.0337 和 1.0285。

将表4.13和表4.14按照载荷谱损伤一致性的修正系数对工作装置当量外载荷谱的进行修正，等效连续作业 500 小时的 ZL50G 型装载机和 LW900K 型装载机工作装置修正外载荷谱分别如表 5.17 和表 5.18 所示。

表 5.17　ZL50G 型装载机工作装置损伤一致性修正后的外载荷谱

	第 1 级	第 2 级	第 3 级	第 4 级	第 5 级	第 6 级	第 7 级	第 8 级
幅值/kN	191.1	181.6	162.5	138.6	109.8	81.3	52.6	23.9
级均值/kN	91.7	81.6	63.9	63.8	66.3	78.7	56.9	26.2
作用频次	954	8131	30 314	31 252	42 061	67 538	132 863	695 558

表 5.18　LW900K 型装载机工作装置损伤一致性修正后的外载荷谱

	第 1 级	第 2 级	第 3 级	第 4 级	第 5 级	第 6 级	第 7 级	第 8 级
幅值/kN	377.9	359.1	321.2	273.9	217.3	160.5	104.1	47.2
级均值/kN	137.7	113.0	103.2	99.6	110.9	97.6	76.0	41.2
作用频次	1577	8304	14 838	9672	15 400	28 753	61 399	687 001

利用修正后的外载荷谱进行非焊接疲劳关注点的损伤计算，应力谱、外载荷谱修正前和修正后的损伤对比结果如图 5.19 所示。

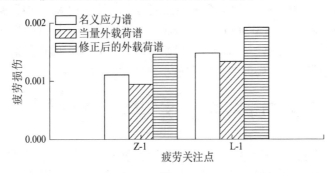

图 5.19　工作装置非焊接疲劳关注点的损伤对比

利用修正后的外载荷谱进行焊接疲劳关注点的损伤计算，两种焊接疲劳评价标准在应力谱、外载荷谱修正前和修正后所得的损伤对比结果如图 5.20 所示。

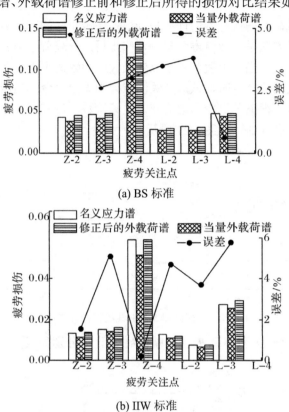

(a) BS 标准

(b) IIW 标准

图 5.20　工作装置焊接疲劳关注点损伤对比

装载机工作装置疲劳关注点损伤对比结果表明，非焊接和焊接疲劳关注点处的修正载荷谱计算所得损伤值均略大于或近似等于应力谱计算出来的真实损伤值。在相同的修正系数下，非焊接疲劳关注点修正载荷谱损伤值误差大于修正前，因此在评价非焊接结构处的疲劳寿命时，建议采用未修正的载荷谱。在实际使用过程中，最早发生疲劳破坏的通常在焊接结构附近处，焊接疲劳关注点修正后的载荷谱损伤值误差明显减小，在 BS 标准和 IIW 标准评估下的损伤误差由外载荷谱修正前的 5%～15%降到 0～6%，满足了装载机工作装置疲劳寿命评估和可靠性分析的基本要求。

5.4.3　基于修正载荷谱的疲劳寿命评估

基于修正载荷谱的疲劳寿命评估是利用损伤修正后的工作装置当量外载荷谱和损伤计算方法进行疲劳寿命预测，修正后的外载荷谱得到的名义应力谱为变幅值应力谱，当某个疲劳关注点的最大应力幅值小于疲劳评估时疲劳截止极限应力范围值 ΔS_2 时，该疲劳关注点处为无限寿命。当应力幅值超过疲劳截止极限时，根据各级应力幅值及发生频次数，可利用 $S\text{-}N$ 曲线进行损伤计算和疲劳寿命评估，如图 5.21 所示。

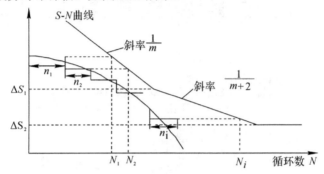

图 5.21　基于载荷谱和 $S\text{-}N$ 曲线的损伤计算方法

疲劳累积损伤 D 和寿命 T(载荷谱块数)的计算分别如式(5.19)和式(5.20)所示。

$$D = \sum \frac{n_i}{N_i} = \frac{n_1}{N_1} + \frac{n_2}{N_2} + \cdots + \frac{n_i}{N_i} \tag{5.19}$$

$$T = \frac{1}{D} = \frac{1}{\sum \dfrac{n_i}{N_i}} \tag{5.20}$$

非焊接结构由母材类型和结构细部特征来确定非焊接疲劳关注点 $S\text{-}N$ 曲线；焊接结构由焊接接头细部特征和疲劳应力载荷选定 BS 标准或 IIW 标准的焊接接头疲劳等级及其对应的 $S\text{-}N$ 曲线，或通过试验实测焊接细部试样的 $S\text{-}N$ 曲线。利用修正后的载荷谱以及载荷与结构名义应力的传递系数，按照名义应力法预测疲劳寿命流程，先进行载荷损伤计算，再由 Miner 线性损伤理论实现关注点处变幅载荷作用下的疲劳寿命评估。当疲劳损伤值累积达到 1 时，结构发生疲劳破坏，此时对应的载荷谱块数与每个载荷谱块等效的装载机连续作业时间的乘积即为结构疲劳寿命。基于修正载荷谱的工作装置疲劳寿命评估方法流程图如图 5.22 所示。

ZL50G 型和 LW900K 型装载机工作装置修正后的外载荷谱计算对应机型工作装置选定的疲劳关注点累积损伤值以及用载荷谱块数表示的疲劳寿命，计算结果分别如表 5.19 和 5.20 所示。

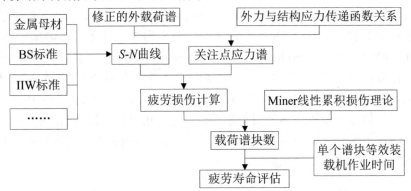

图 5.22　基于修正载荷谱的工作装置疲劳寿命评估方法流程图

表 5.19　基于修正外载荷谱的疲劳关注点累积疲劳损伤值

	关注点疲劳损伤							
	Z-1	Z-2	Z-3	Z-4	L-1	L-2	L-3	L-4
金属母材	0.0001463	—	—	—	0.001922	—	—	—
BS 标准	—	0.0445	0.0474	0.1331	—	0.0295	0.0303	0.0473
IIW 标准	—	0.0136	0.0162	0.0591	—	0.0137	0.0078	0.0292

表 5.20　基于修正外载荷谱的疲劳关注点用载荷谱块数表示的疲劳寿命

	关注点疲劳损伤							
	Z-1	Z-2	Z-3	Z-4	L-1	L-2	L-3	L-4
金属母材	683.52	—	—	—	520.29	—	—	—
BS 标准	—	22.47	21.09	7.51	—	33.92	33.02	21.08
IIW 标准	—	73.51	61.69	16.92	—	82.68	128.65	34.26

两种型号的装载机工作装置当量外载荷谱每个谱块等效装载机连续作业 500 小时，ZL50G 型和 LW900K 型装载机工作装置非焊接疲劳关注点等效作业时间分别为 341760 h 和 260145 h，按照每天工作 8 h，每年 200 个工作日，ZL50G 型和 LW900K 型装载机工作装置母材结构上应力最大处的疲劳寿命分别为 213.6 年和 162.59 年，可以近似视作为无限寿命设计，故在工作装置结构疲劳评估中，可以只考虑焊接部位处的疲劳性能。若母材结构采用这样的寿命设计结果，必然会造成结构整体质量过大，因此根据疲劳损伤计算结

果，在进行有限寿命设计时可以考虑对动臂结构进行轻量化。

对于非焊接疲劳关注点，BS 标准和 IIW 标准计算得到的两种型号装载机工作装置疲劳最危险的位置相同，均为动臂板与车架铰孔销轴衬套外侧焊接大应力处对应的疲劳关注点 Z-4 和 L-4。ZL50G 型和 LW900K 型装载机最危险处的疲劳寿命 BS 标准计算结果分别为 3755 h 和 10540 h，IIW 标准计算结果分别为 8460 h 和 17130 h。仍按照每天工作 8 h、每年 200 个工作日计算，ZL50G 型和 LW900K 型装载机工作装置疲劳寿命 BS 标准计算结果分别为 2.35 年和 6.59 年，IIW 标准计算结果分别为 5.29 年和 10.71 年。这与两种型号装载机实际使用年限相比，采用 BS 标准进行工作装置疲劳寿命评估过于保守，因而推荐采用 IIW 标准进行装载机工作装置修正外载荷谱下的损伤计算和寿命预测。

第六章　装载机工作装置疲劳寿命预测软件开发

基于损伤一致性修正后的装载机工作装置当量外载荷谱能够用来评定装载机工作装置结构关注点的疲劳寿命,对于多个关注点的寿命估算或工程应用上对寿命估算的高效率要求,开发一款适用于装载机工作装置疲劳寿命预测的软件是很有必要的。本章将简单介绍开发这类软件中要考虑的一些问题。

6.1　载荷谱归一化处理方法

目前对装载机大中小系列的定义并没有相关的国家标准,本书按照行业习惯将额定载重 3 t 及其以下的定义为小型系列,4 t~7 t 定义为中型系列,8 t~10 t 定义为大型系列,12 t 的定义为特大型系列。国内轮式装载机的主要生产企业有徐工、厦工、柳工、临工和常林等,对现有产品型号的命名方式:徐工为 LW-额定载重,厦工为 XG-额定载重,柳工为 CLG-额定载重,临工为 L-额定载重,常林为 9-额定载重,即装载机的基本参数是额定载。厦工生产的装载机产品并未公开最大掘起力参数,只对徐工、柳工、临工和常林 4 家公司生产的全吨位系列产品的额定载重、斗容、最大掘起力以及力重比(最大掘起力与额定载重之比)等基本性能参数进行统计,结果如表 6.1 所示。

表 6.1　国内轮式装载机全吨位系列产品基本参数表

企业	基本参数	额定载重量(吨位系列)/t								
		3	4	5	6	7	8	9	10	12
徐工	斗容/m³	1.5~2.5	2.4	2.5~4.5	3~4.5	3.5	4.5	5	5.5	6.5
	最大掘起力/kN	130	140	175	205	210	260	260	290	394
	力重比/(kN/t)	43.3	33.8	35	34.2	30	32.5	28.9	29	32.8

企业	基本参数	额定载重量(吨位系列)/t								
		3	4	5	6	7	8	9	10	12
柳工	斗容/m³	1.7	2.3	3	3.5	4.2	4.5	5.4	—	7
	最大掘起力/kN	93.5	125	160	201.5	218	260	245	—	385
	力重比/(kN/t)	31.2	31.3	32	33.6	31.1	32.5	27.2	—	32.1
临工	斗容/m³	1.5~3	2.4	2.4~4.5	3~4.5	4.5	4.5			
	最大掘起力/kN	96	125	175	180	216	244	—	—	
	力重比/(kN/t)	32	31.3	35	30	30.9	30.5			
常林	斗容/m³	1.7~3.2	2.3	2.2~4.5	3.5	—	—	5.1	—	6.6
	最大掘起力/kN	120	134	170	190			255	—	391
	力重比/(kN/t)	40	33.5	34	31.7			28.3	—	32.6

统计结果表明，在同吨位产品中，力重比系数波动较小。小型装载机的力重比范围为(31.2~43.3) kN/t，均值为 36.6 kN/t；中型装载机的力重比范围为(30~35) kN/t，均值为 32.48 kN/t；大型装载机的力重比范围为(27.2~32.5) kN/t，均值为 29.85 kN/t；特大型装载机力重比范围为(32.08~32.83) kN/t，均值为 32.5 kN/t。将装载机实测载荷谱推广应用至全吨位系列，对载荷谱的均幅值进行归一化处理，载荷均幅值以装载机最大掘起力作为 1 的相对值。将 ZL50G 型和 LW900K 型装载机工作装置载荷谱分别推广至相邻系列中，归一化后等效连续作业 500 h 的外载荷谱分别如表 6.2 和表 6.3 所示。

表 6.2　小型和中型装载机工作装置无量纲外载荷谱

	第 1 级	第 2 级	第 3 级	第 4 级	第 5 级	第 6 级	第 7 级	第 8 级
级幅值	1.139	1.082	0.968	0.826	0.655	0.484	0.313	0.142
级均值	0.552	0.503	0.431	0.430	0.441	0.495	0.400	0.266
作业频次	1032	8798	32 800	33 815	45 510	73 076	143 758	752 594

表 6.3　大型和特大型装载机工作装置无量纲外载荷谱

	第 1 级	第 2 级	第 3 级	第 4 级	第 5 级	第 6 级	第 7 级	第 8 级
级幅值	1.368	1.299	1.162	0.992	0.787	0.581	0.377	0.171
级均值	0.651	0.555	0.516	0.502	0.546	0.494	0.410	0.275
作业频次	1596	8404	15 016	9788	15 585	29 098	62 136	695 245

归一化处理后的载荷谱数据，只包含与额定载重量相关的均值、幅值和作业频次参数，在疲劳寿命预测时，需要对归一化后的载荷谱按照额定载重量进行逆归一化处理。进行逆归一化处理时，不同系列装载机的力重比系数如表 6.4 所示。

表 6.4　不同系列装载机的力重比系数表

	小型系列	中型系列	大型系列	特大型系列
额定载重	3 t 及以下	4 t～7 t	8 t～10 t	12 t
力重比系数	36.6	32.48	29.85	32.5

对于任意型号装载机在调用无量纲载荷谱时，用额定载重量与力重比系数的乘积，分别乘上载荷均值和载荷幅值，即可得到不同型号下的装载机工作装置外载荷谱。从而实现以额定载重量和力重比系数为中间量，将 ZL50G 型和 LW900K 型装载机工作装置实测外载荷谱分别向小型、中型和大型、特大型系列装载机工作装置的推广应用。逆归一化后得到的载荷谱可用于目标机型的工作装置疲劳寿命评估与有限寿命设计。

6.2　疲劳寿命评估软件开发流程

采用名义应力法作为工作装置疲劳寿命软件中损伤计算的基本方法，以线性累积损伤理论作为寿命估算准则，在 Matlab 软件平台上基于前文所述的寿命预测方法，开发装载机工作装置疲劳寿命预测软件。将表 6.2 和表 6.3 所示的装载机外载荷谱、IIW 标准中焊接接头的 *S-N* 曲线数据内嵌入软件平台，实现多个关注点疲劳寿命的同步快速评估。软件包含非焊接和焊接细部结构的疲劳寿命评估，主要分为吨位系列选择、等效应力谱、*S-N* 曲线和寿命结果输出 4 个模块，软件开发流程如图 6.1 所示。

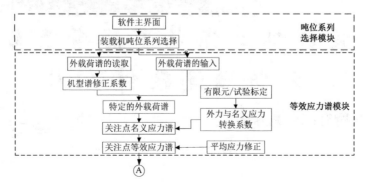

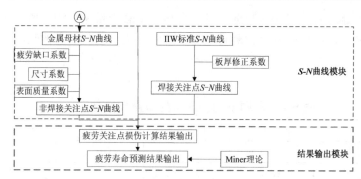

图 6.1　装载机工作装置疲劳寿命分析预测软件开发流程图

6.3　疲劳寿命评估软件界面设计

进行归一化处理的载荷谱为装载机工作装置疲劳寿命分析预测软件提供了关键的基础数据，利用模块化设计思想和流程图设计软件，各操作界面分别如图 6.2 所示。

(a) 软件主界面

(b) 装载机吨位系列的选择

(c) 载荷谱逆归一化

输出目标机型载荷谱

等级	均值/kN	幅值/kN	频次
1	89.7	184.9	1032
2	81.67	175.7	8798
3	69.97	157.2	32800
4	69.85	134.1	33815
5	71.62	106.3	45510
6	80.37	78.6	73076
7	64.99	50.9	143758
8	43.16	23.1	752594

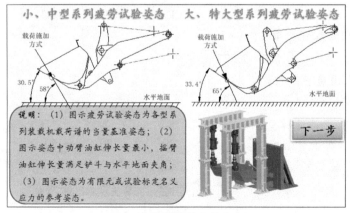

(d) 工作装置载荷当量姿态

非焊接结构应力-力传递系数		焊接结构应力-力传递系数	
关注点1-1	1.109	关注点2-1	0.4928
关注点1-2		关注点2-2	0.5323
关注点1-3		关注点2-3	0.3257
关注点1-4		关注点2-4	0.6158

说明：(1) 应力-力转换系数为疲劳关注点应力与外力比值，单位（兆帕/千牛）；
(2) 母材或焊接结构的疲劳关注点由用户根据工作装置实际情况确定；
(3) 应力-力转换系数可以通过有限元或试验标定的方法获得。

下一步：输出关注点的等效名义应力谱

(e) 名义应力与外力转换系数

装载机		等效应力幅值/kN							
等级	频次	点1-1	点1-2	点1-3	点1-4	点2-1	点2-2	点2-3	点2-4
1	1032	200.1				91.12	98.42	60.22	106.98
2	8798	190.1				86.56	93.5	57.21	108.92
3	32800	170.9				77.45	83.66	51.19	97.45
4	33815	146.1				66.06	71.36	43.66	83.13
5	45510	115.6				52.39	56.59	34.63	65.90
6	73076	85.23				38.73	41.83	25.59	48.73
7	143758	55.61				25.06	27.07	16.56	31.55
8	752594	25.52				11.39	12.3	7.53	14.32

说明：(1) 母材结构关注点在进行应力等效时，采用Gerber模型修正平均应力；
(2) 焊接结构疲劳关注点则直接读取应力幅值作为等效应力幅值。

下一步：疲劳关注点的S-N曲线

(f) 疲劳关注点应力谱

关注点	1-1	1-2	1-3	1-4
疲劳缺口系数k_1	1.65			
尺寸系数k_2	2.077			
表面质量系数k_3	0.96			
综合修正系数	1.449			

关注点	2-1	2-2	2-3	2-4
板厚尺寸/mm	30	30	20	50
板厚修正系数	0.9642	0.9642	1	0.8706

下一步：疲劳关注点的S-N曲线

(g) S-N 曲线修正

疲劳关注点	疲劳寿命/小时
1-1	
1-2	--
1-3	--
1-4	--
2-1	
2-2	
2-3	
2-4	

(h) 疲劳寿命结果输出

图 6.2　工作装置疲劳寿命分析预测软件界面设计

在 Matlab 平台上编制的装载机工作装置疲劳寿命分析预测软件 V1.0 包含了小型、中型、大型和特大型装载机，用户只需输入装载机的额定载重吨位或斗容修正系数，确定寿命评估的基准载荷谱，根据疲劳寿命评估细部结构的特征，输入相关参数，即可快速获得多个疲劳关注点的寿命结果，能够实现国内现有吨位系列装载机工作装置多个指定关注点疲劳寿命的快速预测和分析。

参 考 文 献

[1] 第一工程机械网. 2017 年装载机市场分析[EB/OL]. http://news.d1cm.com
　　/201801119 5184.shtml, 2018-01-11.

[2] NI Y Q, YE X W, KO J M. Modeling of Stress Spctrum Using Long-Term
　　Monitoring Data and Finite Mixture Distributions[J]. Journal of Engineering
　　Mechanics, 2012, 138(2): 175-183.

[3] 石来德, 卞永明, 简小刚. 机械参数测试与分析技术[M]. 上海: 上海科学
　　技术出版社, 2009.

[4] JAROSŁAW A P, PIOTR T, STEFAN F, et al. An Instrumented Vehicle for
　　Offroad Dynamics Testing[J]. Journal of Terramechanics, 2011, 48(5):
　　384-395.

[5] SINGH C D, SINGH R C. Computerized Instrumentation System for
　　Monitoring the Tractor Performance in the Field[J]. Journal of
　　Terramechanics, 2011, 48(5): 333-338.

[6] PATTERSON M S, GRAY J P, BORTOLIN G, et al. Fusion of Driving and
　　Braking Tire Operational Modes and Analysis of Traction Dynamics and
　　Energy Efficiency of a 4 × 4 Loader[J]. Journal of Terramechanics, 2013,
　　50(2):133-152.

[7] ŻEBROWSKI J. Traction Efficiency of A Wheeled Tractor in Construction
　　Operations[J]. Automation in Construction, 2010, 19(2): 100-108.

[8] 陈如恒. 4500 米钻机提升系统静动态载荷测试分析[J]. 石油学报, 1983,
　　(1): 65-78.

[9] 陈如恒. ZJ45J 型钻机提升系统载荷谱测试[J]. 华东石油学院学报, 1982,
　　(1): 27-38.

[10] 南新旭, 吴宝燕, 李绮鹏, 等. ZL50 装载机后车架随机载荷测试与数据
　　分析[J]. 工程机械, 1988, 19(5): 28-31.

[11] 刘永臣. 轮式装载机传动系载荷测试与处理[J]. 筑路机械与施工机械化,
　　2011, 28(8): 83-85.

[12] 刘志东, 李莺莺, 杨清淞, 等. 挖掘机液压系统载荷数据测试方法研究
　　[J]. 工程机械, 2013, 44(3): 18-25.

[13] 郁录平, 路宇, 向岳山, 等. 液压挖掘机铲斗载荷的测试方法[J]. 中国工
　　程机械学报, 2016, 14(3): 267-270.

[14] 向清怡, 吕彭民, 王斌华, 等. 液压挖掘机工作装置载荷谱测试方法[J]. 中国公路学报, 2017, 30(9): 151-158.

[15] 刘永臣. 基于真实环境的装载机传动系载荷测试与平稳处理[J]. 矿山机械, 2010, 38(19): 49-52.

[16] 黄柱安, 梁佳, 宋绪丁. 装载机传动系载荷谱测试方法及其数据处理[J]. 筑路机械与施工机械化, 2016, 33(10): 103-106.

[17] 万久远, 张强, 黄绵剑, 等. 装载机传动系载荷谱测试关键技术研究[J]. 工程机械, 2017, 48(9): 33-38.

[18] 张英爽. 装载机传动系载荷谱的测取与应用研究[D]. 长春: 吉林大学, 2014.

[19] 伍义生, 高月华. 用雨流计数法编制装载机动臂的疲劳试验载荷谱[J]. 建筑机械, 1983, (3): 11-19.

[20] 吴夏平, 王福明. 基于最小二乘法原理的趋势项处理研究[J]. 微计算机信息, 2008, (30): 254-255.

[21] 吴志成, 王重阳, 任爱君. 消除信号趋势项时小波基优选方法研究[J]. 北京理工大学学报, 2013, 33(8): 811-814.

[22] 赵宝新, 张保成, 赵鹏飞, 等. EMD 在非平稳随机信号消除趋势项中的研究与应用[J]. 机械制造与自动化, 2009, 38(5): 85-87.

[23] 姚二雷, 苗雨, 陈超. 基于奇异值分解的空间变异地震动模拟[J]. 华中科技大学学报(自然科学版), 2016, 44(10): 22-25.

[24] 周传阳. 加工中心主轴载荷谱编制及疲劳寿命预测研究[D]. 长春: 吉林大学, 2016.

[25] 张营. 滚动轴承磨损区域静电监测技术及寿命预测方法研究[D]. 南京: 南京航空航天大学, 2013.

[26] 范大昭, 雷蓉. 从地理数据库中探测奇异值[J]. 测绘科学, 2004, 29(5): 12-15.

[27] 刘彦龙. 汽车传动系动态载荷谱提取与台架试验载荷谱编制[D]. 重庆: 重庆理工大学, 2015.

[28] 王宏健, 王继新, 王乃祥. 异常载荷剔除中幅值与梯度门限的联合应用[J]. 振动、测试与诊断, 2012, 32(3): 387-392.

[29] DAEGEUN H, DAMDAE P, JUNMO K, et al. Improvement of Principal Component Analysis Modeling for Plasma Etch Processes through Discrete Wavelet Transform and Automatic Variable Selection[J]. Computers and Chemical Engineering, 2016, 94(2): 362-369.

[30] DONOHO D L. De-Noising by Soft-Thresholding[J]. Information Theory, IEEE Transactions on, 1995, 41(3): 613-627.

[31] ZHANG Y S, WANG G Q, WANG J X, et al. Application of Wavelet-based Fractal Dimension Threshold Denoising Method to Load Time History of Engineering Vehicle[A]. Proceedings of the 2011 International Conference on Advanced Design and Manufacturing Engineering[C]. Guangzhou, China: Trans Tech Publications, 2011: 2444-2448.

[32] 周德强, 田贵云, 尤丽华, 等. 基于频谱分析的脉冲涡流缺陷检测研究[J]. 仪器仪表学报, 2011, 32(9): 1948-1953.

[33] TONG Q, CHOI K. Activity Correlation-Based Clustering Clock-Gating Technique for Digital Filters[J]. International Journal of Electronics, 2017, 104(7): 1095-1106.

[34] ARIF I, REHAN M, TUFAIL M. Towards Local Stability Analysis of Externally Interfered Digital Filters Under Overflow Nonlinearity[J]. IEEE Transactions on Circuits & Systems II Express Briefs, 2017, 64(5): 595-599.

[35] 石来德. 机械的有限寿命设计和试验(第七讲)载荷谱的研制过程[J]. 建筑机械, 1986, (10): 35-45.

[36] 苏禾. 随机疲劳载荷谱[J]. 辽宁机械, 1984, (1): 5-10.

[37] 丁川. 多工况程序载荷谱一步合成法及其计算机程序[J]. 洛阳工学院学报, 1983, (1): 42-50.

[38] Pokorný P, Hutař P. Residual Fatigue Lifetime Estimation of Railway Axles for Various Loading Spectra[J]. Theoretical & Applied Fracture Mechanics, 2015, 82: 25-32.

[39] MATSUISHI M, ENDO T. Fatigue of Metals Subjected to Varying Stress[J]. Japan Society of Mechanical Engineers, 1968: 34-40.

[40] DOWNING S D, SOCIE D F. Simple Rainflow Counting Algorithms[J]. International Journal of Fatigue, 1982, 4(1): 31-40.

[41] 阎楚良, 王公权. 雨流计数法及其统计处理程序研究[J]. 农业机械学报, 1982, (4): 88-101.

[42] 肖建清, 丁德馨, 张萍, 等. 改进三峰谷雨流计数法在爆破震动损伤评价中的应用[J]. 岩土力学, 2009, 30(S1): 244-249.

[43] 过玉卿, 龙靖宇. 改进雨流计数法及其统计处理程序[J]. 机械强度, 1987, 9(3): 45-48.

[44] 吕彭民. 大型复杂结构抗疲劳设计[M]. 西安: 陕西科学技术出版社,

1999.

[45] RYCHLIK I. A New Definition of the Rainflow Cycle Counting Method[J]. International Journal of Fatigue, 1987, 9(2): 119-121.

[46] 何秀然, 谢寿生. 航空发动机载荷谱雨流计数法的改进算法[J]. 航空发动机, 2005, 31(3): 47-49.

[47] 刘田, 谈进, 史代敏. 单位根检验中样本长度的选择[J]. 数理统计与管理, 2013, 32(4): 617-626.

[48] BARSTIES B, MARYN Y. The Influence of Voice Sample Length in the Auditory-Perceptual Judgment of Overall Voice Quality[J]. Journal of Voice, 2017, 31(2): 202-210.

[49] 周鋐, 张炳安. 工程机械作业载荷谱样本长度确定方法的研究[J]. 建筑机械, 1993, (6): 17-21.

[50] 石来德, 张巨光, 黄珊秋. 随机数据处理中确定样本长度问题的探讨[J]. 建筑机械, 1993, (4): 16-21.

[51] 张云龙, 诸文农, 许纯新. 装载机传动系载荷样本长度的确定[J]. 工程机械, 1994, (6): 16-20.

[52] 何春华, 周鋐, 项娇. 汽车道路行驶试验载荷谱样本长度确定方法的研究[J]. 汽车技术, 2003, (11): 14-17.

[53] 李叶妮, 林少芬, 刘少辉, 等. 回归分析法在样本长度误差分析中的应用[J]. 集美大学学报(自然科学版), 2010, 15(1): 72-75.

[54] 韩中合, 朱霄珣. 基于信息熵的支持向量回归机训练样本长度选择[J]. 中国电机工程学报, 2010, 30(20): 112-116.

[55] 王继新, 季景方, 胡际勇, 等. 基于贝叶斯理论的工程车辆载荷样本长度计算方法[J]. 农业工程学报, 2011, 27(6): 148-151.

[56] 刘罗曼. 时间序列平稳性检验[J]. 沈阳师范大学学报(自然科学版), 2010, 28(3): 357-359.

[57] 周少甫, 左秀霞. 时间趋势平稳性检验的带宽选择及其影响[J]. 统计研究, 2012, 29(4): 98-103.

[58] 习艳会. 工程机械关键零部件疲劳寿命预测方法研究[D]. 西安: 长安大学, 2016.

[59] 王强, 苏成. 公路桥梁随机车流的平稳性和各态历经性检验[J]. 公路交通科技, 2015, 32(4): 64-69.

[60] 赵晓鹏, 张强, 姜丁, 等. 某型越野车试验场载荷谱的压缩与外推[J]. 汽车工程, 2009, 31(9): 871-875.

[61] 刘彦龙, 邹喜红, 石晓辉, 等. 基于挡位的汽车传动系载荷谱提取与外推[J]. 重庆理工大学学报(自然科学版), 2015, 29(4): 17-23.

[62] 卿宏军, 韩旭, 陈志夫, 等. 某轿车结构载荷谱采集与分析[J]. 湖南大学学报(自然科学版), 2012, 39(12): 32-36.

[63] 张英爽, 王国强, 王继新, 等. 轮式装载机半轴载荷谱编制及疲劳寿命预测[J]. 吉林大学学报(工学版), 2011, 41(6): 646-651.

[64] 张英爽, 王国强, 王继新, 等. 工程车辆传动系载荷谱编制方法[J]. 农业工程学报, 2011, 27(4): 179-183.

[65] 吴阳, 潘静, 何宇清, 等. 基于概率分布混合模型的遮挡行人检测算法[J]. 信息技术, 2017, (1): 1-4.

[66] JOHANNESSON P. Extrapolation of Load Histories and Spectra[J]. Fatigue & Fracture of Engineering Materials & Structures, 2006, 29(3): 209-217.

[67] 宫海彬, 苏建, 王兴宇, 等. 基于极值外推的高速列车齿轮传动装置载荷谱编制[J]. 吉林大学学报(工学版), 2014, 44(5): 1264-1269.

[68] 段振云, 刘桐, 陈雷, 等. 极限载荷外推的概率分布与拟合方法研究[J]. 太阳能学报, 2014, 35(11): 2320-2326.

[69] WANG J, HU J, WANG N, et al. Multi-criteria Decision-making Method-based Approach to Determine a Proper Level for Extrapolation of Rainflow Matrix[J]. Proceedings of the Institution of Mechanical Engineers Part C: Journal of Mechanical Engineering Science, 2012, 226(5): 1148-1161.

[70] 李昕雪, 王迎光. 不同外推方法求解近海风机的极限载荷[J]. 上海交通大学学报, 2016, 50(6):844-848.

[71] 尤爽. 轮式装载机载荷极值度量与时域外推方法研究[D]. 长春: 吉林大学, 2016.

[72] 姚兴佳, 邵帅, 王英博. 基于改进统计外推法的风力机疲劳载荷分析[J]. 可再生能源, 2014, 32(7): 986-991.

[73] 李凡松, 邬平波, 曾京. 基于核密度估计法的载荷历程外推研究[J]. 铁道学报, 2017, 39(7): 25-31.

[74] 刘海鸥, 张文胜, 徐宜, 等. 基于核密度估计的履带车辆传动轴载荷谱编制[J]. 兵工学报, 2017, 38(9): 1830-1838.

[75] 高天宇, 李焕良, 郑铮, 等. 基于雨流频次外推的 ZLK50 型装载机液压缸载荷谱编制[J]. 机械强度, 2017, 39(4): 951-956.

[76] 李飞, 周占廷, 谢帅. 试验设计在飞机载荷谱飞行实测中的应用[J]. 航

空科学技术, 2017, 28(4): 43-46.

[77] 刘克格, 闫楚良. 飞机起落架载荷谱实测与编制方法[J]. 航空学报, 2011, 32(5): 841-848.

[78] 邹喜红, 刘彦龙, 赵秋林, 等. 基于帕斯卡试验规范的越野车传动系载荷谱测试与分析[J]. 机械传动, 2015, 39(6): 71-76.

[79] 缪炳荣, 谭仕发, 邬平波, 等. 非稳态风致载荷下车体结构典型载荷谱仿真研究[J]. 机械工程学报, 2017, 53(10): 100-107.

[80] 张舒翔. 高速列车车体加速寿命试验载荷谱编制及寿命预测仿真[D]. 重庆: 西南交通大学, 2016.

[81] 赵方伟. 铁路货车车体载荷谱测试及疲劳强度评价研究[D]. 北京: 北京交通大学, 2015.

[82] 安中伟. C70 车体模拟疲劳试验载荷谱编制方法研究[D]. 北京: 北京交通大学, 2014.

[83] YAN J H, ZHENG X L, ZHAO K. Experimental Investigation on the Small-load-omitting Criterion[J]. International Journal of Fatigue, 2001, 23(5): 403-415.

[84] ZHAO L H, ZHENG S L, FENG J Z, et al. Fatigue Sssessment of Rear Axle under Service Loading Histories Considering the Strengthening and Damaging Effects of Loads Below Fatigue Limit[J]. International Journal of Automotive Technology, 2014, 15(5): 843-852.

[85] WANG C J, YAO W X, XIA T X. A Small-load-omitting Criterion Based on Probability Fatigue[J]. International Journal of Fatigue, 2014, 68(11): 224-230.

[86] 平安, 王德俊, 徐灏. 载荷谱强化等损伤寿命折算新方法[J]. 机械强度, 1993, (2): 38-40.

[87] 高云凯, 徐成民, 方剑光. 车身疲劳台架试验程序载荷谱研究[J]. 机械工程学报, 2014, 50(4): 92-98.

[88] 郑松林, 梁国清, 王治瑞, 等. 考虑低幅锻炼载荷的某轿车摆臂载荷谱编制[J]. 机械工程学报, 2014, 50(16): 147-154.

[89] 薛海, 李强, 胡伟钢, 等. 重载货车车钩疲劳试验载荷谱的编制方法[J]. 中国铁道科学, 2017, 38(2): 105-110.

[90] GOUGH H J. The Fatigue of Metals[M]. London: Scott, Greenwood and Son, 1924.

[91] SINCLAIR G M. An Investigation of the Coaxing Effect Infatigue of

Metals[J]. ASTM, 1952, 52: 743-758.

[92] NICHLOAS T. Step Loading for Very Cycle Fatigue[J].Fatigue Fracture of Engineering Materials Structures, 2002, 25: 861-869.

[93] 王昭林, 张永忠. 疲劳加速试验程序载荷谱编制方法研究[J]. 煤, 1998, (1): 11-13.

[94] 刘晓明, 万少杰, 熊峻江, 等. 民机飞行载荷谱编制方法[J]. 北京航空航天大学学报, 2013, 39(5): 621-625.

[95] 熊峻江, 高镇同, 费斌军, 等. 疲劳/断裂加速试验载荷谱编制的损伤当量折算方法[J]. 机械强度, 1995, (4): 39-42.

[96] HEULER P, Klätschke H. Generation and Use of Standardised Load Spectra and Load-time Histories[J]. International Journal of Fatigue, 2005, 27(8): 974-990.

[97] 彭辉, 周楚毅. 扭转梁式后桥通用标准载荷谱研发[J]. 上海汽车, 2013, (1): 16-21.

[98] 张云龙, 诸文农, 许纯新. 装载机半轴变均值、变幅值标准载荷谱制取方法[J]. 机械工程学报, 1995, (5): 122-126.

[99] 李珊珊, 崔维成. 关于标准载荷时间历程和标准载荷谱的生成问题(英文)[J]. 船舶力学, 2011, 15(12): 1405-1415.

[100] 范久臣, 张昕睿. 串联式混合动力装载机多动力源载荷谱测试方法[J]. 北华大学学报(自然科学版), 2017, 18(3): 408-412.

[101] 张云龙, 诸文农, 许纯新. 装载机传动系载荷样本长度的确定[J]. 工程机械, 1994, (6): 16-20.

[102] 苏清祖, 王锦雯. 轮式拖拉机前桥载荷谱测取方法的初步研究[J]. 农业机械学报, 1982, (2): 30-42.

[103] 万久远, 张强, 黄绵剑, 等. 装载机传动系载荷谱测试关键技术研究[J]. 工程机械, 2017, 48(9): 33-38.

[104] 贾洁, 魏永祥. 装载机轴类零件载荷测试方法与试验研究[J]. 机械传动, 2017, 41(2): 95-99.

[105] 徐跃峰, 凌正炎. 轮式装载机车架载荷谱及程序谱模拟疲劳试验[J]. 武汉冶金科技大学学报, 1996, (2): 48-53.

[106] 伍义生, 高月华. 用雨流计数法编制装载机动臂的疲劳试验载荷谱[J]. 建筑机械, 1983, (3): 11-19.

[107] 王晓明, 张佳佳, 宋红兵. 基于 ADAMS 的装载机工作装置仿真及优化设计[J]. 工程机械, 2014, 45(6): 55-58.

[108] 张明明. 基于 ANSYS 的装载机工作装置有限元分析[J]. 煤矿机械, 2015, 36(6): 146-148.

[109] 陈一馨. 车辆载荷下刚桥细部焊接疲劳性能研究[D]. 西安: 长安大学, 2013.

[110] 袁熙, 李舜酩. 疲劳寿命预测方法的研究现状与发展[J]. 航空制造技术, 2005, (12): 80-84.

[111] GRIFFITH A A. The Phenomenon of Rupture and Flow in Solids[J]. Philosophical Transactions of the Royal Society of London, Series A,1920, 221: 163-198.

[112] PARIS P C, ERDOGAN F. A Critical Analysis of Crack Propagation Laws[J]. Journal of Basic Engineering, 1963, 85(4): 528-534.

[113] JANSON J. Dugdale Crack in A Material with Continuous Damage Formation[J]. Engineering Fracture Mechanics, 1977, 9(4): 891-899.

[114] DATTOMA V, GIANCANE S, NOBILE R, et al. Fatigue Life Prediction under Variable Loading Based on A New Non-linear Continuum Damage Mechanics Model[J]. International Journal of Fatigue, 2006, 28(2): 89-95.

[115] MAKKONEN M. Predicting the Total Fatigue Life in Metals[J]. International Journal of Fatigue, 2009, 31(7): 1163-1175

[116] Fan Z C, Chen X D. An Equivalent Strain Energy Density Life Prediction model[A].5th Fracture Mechanics Symposium[C]. China, Shanghai: East China University Science and Technology Press, 2007: 277-282.

[117] NEWAN J C, PHILLIPS E P. Fatigue-life Prediction Methodology Using Small-crack Theory[J]. International Journal of Fatigue, 1999, 21(2): 109-119.

[118] 吴学仁, 刘建中. 基于小裂纹理论的航空材料疲劳全寿命预测[J]. 航空学报, 2006, 27(2): 219-226.

[119] 涂善东, 轩福贞, 王卫泽. 高温蠕变与断裂评价的若干关键问题[J]. 金属学报, 2009, 45(7): 781-787.

[120] ANDREIKIV O E, LESIV R M, LEVYTSKA N M. Crack Growth in Structural Materials under the Combined Action of Fatigue and Creep[J]. Materials Science, 2009, 45(1): 1-17.

[121] PANASYUK V V, RATYCH L V. Fatigue Crack-growth in Corrosive Environments[J]. Fatigue of Engineering Materials and Structures, 1984, 7(1): 1-11.

[122] SHIBLI I A, ALABED B, NIKBIN K. Scatter Bands in Creep and Fatigue Crack[J]. Growth Rates In High Temperature Plant Materials Data[J]. Materials At High Temperatures, 1998, 15(3.4): 143-149.

[123] MOHANTY J R, VERMA B B, RAY P K. Prediction of Fatigue Crack Growth and Residual Life Using an Exponential Model: Part I (Constant Amplitude Loading) [J]. International Journal of Fatigue, 2009, 31(3): 418-424.

[124] MOHANTY J R, VERMA B B, RAY P K. Prediction of Fatigue Crack Growth and Residual Life Using an Exponential Model:Part II (Mode-I Overload Induced Retardation) [J]. International Journal of Fatigue, 2009, 31(3): 425-432.

[125] DAS J，SIVAKUMAR S M. Multiaxial Fatigue Life Prediction of a High Temperature Steam Turbine Rotor Using a Critical Plane Approach[J]. Engineering Failure Analysis, 2000, 7(5): 347-358.

[126] MOREL F. A Critical Plane Approach for Life Prediction of High Cycle Fatigue Under Multiaxial Variable Amplitude Loading[J]. International Journal of Fatigue, 2000, 22(2): 101-119.

[127] ALASSAF Y，EIKADI H. Fatigue Life Prediction of Composite Materials Using Polynomial Classifiers and Recurrent Neural Networks[J]. Composite Structures, 2007, 77(4): 561-569.

[128] NAGEM R J, SENG J M, WILLIAMS J H. Residual Life Predictions of Composite Aircraft Structures Via Nondestructive Testing, Part 1: Prediction Methodology and Nondestructive Testing[J]. Materials Evaluation, 2000, 58(9): 1065-1074.

[129] NAGEM R J, SENG J M, WILLIAMS J H. Residual Life Predictions of Composite Aircraft Structures Via Nondestructive Testing, Part 2: Degradation Modeling And Residual Life Prediction[J]. Materials Evaluation, 2000, 58(11): 1310-1319.

[130] CUI W C. A State-of-the-art Review on Fatigue Life Prediction Methods for Metal Structures[J]. Journal of Marine Science and Technology, 2002, 7(1): 43-56.

[131] 徐灏. 疲劳强度[M]. 北京: 高等教育出版社, 1988.

[132] BATHIAS C. There is No Infinite Fatigue Life in Metallic Materials[J]. Fatigue And Fracture of Engineering Materials and Structures, 1999, 22(7):

559-565.

[133] 倪向贵, 李新亮, 王秀喜. 疲劳裂纹扩展规律 Paris 公式的一般修正及应用[J]. 压力容器, 2006, 23(12): 8-15.

[134] 吕凯波. 基于有限元法的机械疲劳寿命预测方法的研究[J]. 机械工程与自动化, 2008, 121(6): 113-114.

[135] FATEMI A, YANG L. Cumulative Fatigue Damage and Life Prediction Theories: A Survey of the State Of The Art For Homogeneous Materials[J]. International Journal Of Fatigue, 1998, 20(1): 9-34.

[136] PALMGREN A. Die Lebensdauer Von Kugellagern[D]. Berlin: Verfahrenstechnik, 1924.

[137] MINERR M A. Cumulative Damage in Fatigue[J]. Journal of Applied Mechanics-Transactions of the ASME, 1945, 12(3): 159-164.

[138] YANG L, FATEMI A. Cumulative Fatigue Damage Mechanisms and Quantifying Parameters: A Literature Review[J]. Journal of Testing and Evaluation, 1998, 26(2): 89-100.

[139] BROWN M W, MILLER K J. A Theory for Fatigue Failure Under Multiaxial Stress-strain Conditions[J]. Proceedings of the Institution of Mechanical Engineers, 1973, 187(65): 745-755.

[140] LI J, ZHANG Z P. A New Multiaxial Fatigue Damage Model for Various Materials Under the Combination of Tension and Torsion Loadings[J]. Intentional Journal of Fatigue, 2009, 31(4): 776-781.

[141] 尚德广, 姚卫星. 基于临界面法的多轴疲劳损伤参量的研究[J]. 航空学报, 1999, 20(7): 295-298.

[142] 包名, 尚德广, 陈宏. 基于临界面法的三参数多轴疲劳损伤模型[J]. 北京工业大学学报, 2012, 38(1): 17-21.

[143] LEMAITRE J. Continuous Damage Mechanics Model for Ductile Fracture[J]. Journal of Engineering Materials and Technology, 1985, 107(1): 83-89.

[144] 刘剑辉, 王生楠, 黄新春, 等. 基于损伤力学: 临界平面法预估多轴疲劳寿命[J]. 机械工程学报, 2015, 51(20): 120-127.

[145] SMITH R N, WATSON P, TOPPER T H. A Stress-strain Function for the Fatigue of Metals[J]. Journal of Materials, JMLSA. 1970, (5): 767-778.

[146] BANVILLET A, ŁAGODA T, MACHA E, et al. Fatigue Life under Non-gaussian Random Loading from Various Models[J]. International

Journal of Fatigue, 2004, 26(4): 349-363.

[147] 万一品, 宋绪丁, 员征文. 装载机工作装置的疲劳试验及疲劳可靠性评估[J]. 华南理工大学学报(自然科学版), 2020, 48(8): 108-114.

[148] 万一品, 宋绪丁, 郁录平, 等. 装载机工作装置载荷识别模型与载荷测取方法[J]. 振动、测试与诊断, 2019, 39(3): 582-589.

[149] 万一品, 宋绪丁, 陈乐乐, 等. 装载机连杆载荷测试与载荷谱编制方法研究[J]. 机械强度, 2019, 41(2): 425-429.

[150] 万一品, 宋绪丁, 吕彭民, 等. 基于弯矩等效的装载机外载荷当量与载荷谱编制[J]. 长安大学学报(自然科学版), 2019, 39(2): 117-126.

[151] 万一品, 宋绪丁, 员征文, 等. 装载机工作装置随机载荷统计特性分析[J]. 合肥工业大学学报(自然科学版), 2018, 41(10): 1302-1308.

[152] 范晓峰, 宋绪丁, 万一品. 基于 ADAMS 与 ANSYS 的装载机工作装置动力学仿真[J]. 装备制造技术, 2018, (7): 169-170.

[153] 万一品, 宋绪丁, 陈乐乐. 装载机工作装置载荷测试样本长度确定方法[J]. 郑州大学学报(工学版), 2018, 39(03): 67-71.

[154] 万一品, 宋绪丁, 员征文, 等. 装载机工作装置疲劳试验载荷谱编制方法[J]. 中国机械工程, 2017, 28(15): 1806-1811.

[155] 万一品, 贾洁, 宋绪丁. 装载机工作装置动力学仿真与试验研究[J]. 计算机仿真, 2017, 34(7): 184-187.

[156] 陈乐乐, 万一品, 董剑南, 等. 不同外载荷作用下轮式装载机工作装置有限元分析[J]. 装备制造技术, 2017, (7): 159-160.

[157] 万一品, 贾洁, 宋绪丁, 等. 基于响应面法的装载机动臂结构可靠性研究[J]. 机械设计, 2017, 34(6): 7-11.

[158] 万一品, 宋绪丁, 郁录平, 等. 装载机工作装置斗尖载荷当量模型与试验[J]. 长安大学学报(自然科学版), 2017, 37(3): 119-126.

[159] 万一品, 宋绪丁, 陈乐乐, 等. 装载机工作装置动态载荷测试方法与试验研究[J]. 北京工业大学学报, 2017, 43(06): 840-845.

[160] 万一品, 宋绪丁, 郁录平, 等. 装载机工作装置销轴载荷测试方法与试验研究[J]. 机械强度, 2017, 39(1): 26-32.

[161] 万一品, 来盼盼, 宋绪丁, 等. 装载机工作装置有限元分析与疲劳强度评估[J]. 起重运输机械, 2016, (9): 30-34.

[162] 万一品, 贾洁, 梁佳, 等. 装载机工作装置结构强度分析与试验研究[J]. 机械强度, 2016, 38(4): 772-776.